有趣到不可思議的
樹木果實圖鑑

300 種果實驚人的機能美和造形美，
前所未有的鑑賞級寫真

雙色可可樹 *Theobroma bicolor*

錦葵科／Malvaceae／高15.7公分　原產於中南美洲的常綠喬木。可可樹的同類，果皮有點厚度、
表面類似雕刻花紋是它的特徵，也被稱為白可可樹，種子和果肉可食。

什麼是「樹木果實」？

　　看到樹木果實這個名詞，你的腦海會浮出什麼樣的印象呢？公園裡掉落的橡實或松果、各種水果、樹莓（漿果類），大部分人最熟悉的應該是當作零食及健康食品的杏仁、腰果、夏威夷豆或是榛果這類的堅果吧！在日本，秋天的森林可以採到栗子、核桃、木通果、猴板栗；人行道地面有掉落的臭銀杏果、三角槭和毛刺刺的楓樹莢果。冬天呢？家裡的院子或寺廟經常見到南天竹、硃砂根的紅色漿果；公園或掛滿白色果實的烏桕街樹，連路旁野葡萄的果實也都色彩繽紛！

　　應該有滿多像這樣因地域、環境或季節不同而出現在我們腦海中的樹木果實吧！按字面意義，「樹木果實」是指樹木所結、裡面包含種子的果實，但本書要介紹的是乾燥後可以輕鬆收藏，或因木質化不易腐壞而以廣義範圍來定義的果實。因此，某些章節可能只介紹果實木質化的部分或種子。我們也沒有特別侷限於樹木，部分木質化草籽也在介紹之列，但本書排除比較不好保存的水果類。

　　植物跟碰到環境不適合就會遷移出逃的動物不同，它只要一著根，即使環境再嚴苛也無法移動，即便如此，為了族群存續，藉由花開後結出的果實也會得到異地繁衍的機會。

樹木果實形態多樣，這種多樣性就是為了維繫下一代展開異地求生機會而發展出來的。利用長出鱗翅、羽毛，甚至是絨毛，讓果實可以飛翔、浮在河流或是海面上進行海空之旅、使用彈跳或扭動方式將種子彈飛、用爪勾黏住動物被帶走，被鳥類或螞蟻吞下肚而移動，甚至對人類而言是天大災難的野火，對耐火的果實來說卻是繁衍下一代的大好機會。

　　如果仔細觀察樹木果實特徵，就會驚嘆於造物者的神奇，它們充滿驚人的機能性和造形之美。在本書我們精選及介紹來自世界各地的果實，讓你可以體驗到它們的美麗和趣味性。相較於正統植物學，本書更加聚焦於果實本身所營造的神祕氛圍，以照片介紹它獨特外形並添加說明簡潔的小常識。本書也嘗試利用不同於一般圖文書的章節組合，在第一部的「大集合」，集中介紹在植物分類學中同屬性的樹木果實。第二部的「展開」則著眼於植物為了繁衍而發展出來的各種移動方法。第三部分「形塑」是針對果實尖銳或凹凸不平的紋理，使用擬物方式來呈現它們獨特的樣貌。希望你能夠透過本書充分享受樹木果實所帶來的魅力。

山東智紀

澳洲昆士蘭北部海邊被海水推上岸的各種樹木果實。

關於果實

　　開始介紹來自世界各地的樹木果實之前，讓我們深入研究果實的形態差異，果實大致分為皮軟多汁的「肉果」和果皮乾燥的「乾果」。所謂的肉果，你可以用新鮮水果來想像，本書大致上不收錄。乾果呢？以果皮是否有分裂，分成裂果和不裂果，不裂果是指果實成熟後不裂開，把種子密實包在裡面，以它的形狀又分成瘦果、穎果、胞果、堅果、翅果、離果、節果。裂果在果實成熟時會自行裂開露出飽滿的種子，依果實裂口或種子的形狀分成袋果（蓇葖果）、豆果（莢果）、角果、蒴果。在這裡我就不依它們的特徵詳細說明，但如果你對照本書介紹的樹木果實細節說明，應該會對這些特徵有更深入的了解。

【關於圖片說明】

◎ 樹木果實是採用一般使用的俗名，如果沒有合適的名稱，才會使用直接使用學名。原則上，學名是以拉丁語規則來讀取。

◎ 植物學名和所屬種類是採用APG分類法的第3版（APGIII）。

◎ 由於樹木果實本身存在的大小差異，加上在採用照片時會將它放大或縮小，因此提供照相樣本的尺寸作為參考；以不包含果梗的最長部分作為測量基準。

紅盔桉 *Eucalyptus erythrocorys*
（在第44頁）

目錄——

羅非亞椰子　詳細介紹在第120頁

蘇門答臘柳桉
Shorea sumatrana

龍腦香科 Dipterocarpaceae／寬2.8公分
圓滾滾的果實圍著五瓣圓形果翅的娑羅屬植物，它不是利用飛行傳播而是藉由動物幫忙散布種子。因為過度採伐，在2013年被國際自然保護聯盟（IUCN）指定為瀕臨滅絕物種。

第1部 大集合

當你打開圖鑑，無論是介紹植物還是動物，應該都會在每個名詞旁邊看到「〇〇科〇〇屬」的分類，這是根據物種特徵進行系統性研究而產生的分類法，這樣的分類讓我們知道該生物是屬於哪一個家族以及它的進化過程。現代分類學以18世紀生物學和植物學家，被尊稱為分類學之父的卡爾·林奈（Carl Linnaeus）研究作為基礎。林奈對動物植物進行廣泛的系統性研究，並且對它的位階做出明確分類，以屬名加種名來表示物種名稱的「二名法」至今仍在使用。但另一方面，隨著科學的發展，從林奈時代到現在，生物體的分類法已經出現許多變化。就植物分類法來說，已經從林奈過渡到恩格勒（Engler）分類法、克朗奎斯特（Cronquist）分類法，一直到現在的APG分類法。德國恩格勒在1892年提出經過修改的「新恩格勒分類系統」，以花朵結構從簡單演化為複雜作為理論基礎，以花的形態來分類，由於這樣的分類法很容易理解，所以長期以來被日本的植物圖鑑採用而廣為人知。不過隨著科學的發展，大家越來越發現恩格勒分類法並不能精確反映進化譜系。因此1981年，美國的克朗奎斯特又設計新的分類系統，其強調雌蕊形狀，花形越簡單越進化，這個理論在1990年代以後在日本被採用，不過在它普及之前又有新的分類系統應運而生，就是以基因分析的分子系統學所建

松果家族大小比較

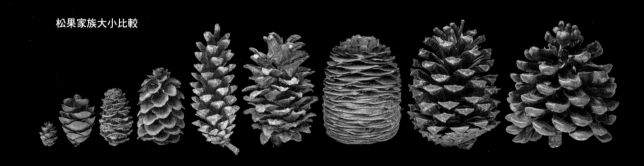

胡桃的果仁

構出來的分類系統，由被子植物學系統研究小組（Angiosperm Phylogeny Group）所提出，因此縮寫為APG分類系統，在近年成為主流。這個小組由國際植物分類學的研究者組成，隨著研究進展不斷注入新資料，修訂工作一直持續進行，2009年發布APGIII，2016年更新到APGIV，一直持續用到現在。根據這樣的分類學發展，本書的第一部分收集了在分類學上相近的物種，要請你注意它們之間的共通點以及個體形狀和大小的差異。

殼斗家族

山毛櫸科（Fagaceae）果實的總稱，
主要分布於北半球的溫帶到熱帶地區，
由栗屬、錐栗屬、石櫟屬和枹櫟屬組成。
在日本已知有22種，但東南亞分布更多，超過200種。
果實以在日本被暱稱為「帽子」的殼斗和堅果所組成。

a. 后大埔石櫟（煙斗石櫟）
Lithocarpus corneus

b. 沖繩白背櫟
Quercus miyagii

c. 大果櫟
Quercus macrocarpa

d. 毛枝青剛
Quercus helferiana

e. 日本石柯
Lithocarpus edulis

f. 夏櫟（歐洲白櫟）
Quercus robur

g. 槲櫟
Quercus dentata

h. 麻櫟
Quercus acutissima

i. 長椎栲
Castanopsis sieboldii

j. 加州黑櫟
Quercus kelloggii

k. 北美紅櫟
Quercus rubra

l. 沼生櫟（沼澤櫟）
Quercus palustris

m. **捲斗櫟（毛果青剛）**
Quercus pachyloma

n. **偽石櫟**
Lithocarpus pseudokunstleri

o. **木果青剛**
Quercus rex

p. **青栲**
Castanopsis armata

a.寬4.2公分，原產地從台灣到印度一帶，在台灣及中國常被用來製作佛珠／b.高4.2公分，原產於日本沖繩，是日本體積最大的殼斗。／c.高5公分，原產地從北美東部到中部。／d.寬3.3公分，原產於中國南部到東南亞北部。／e.高3公分，是日本特有種，果肉可食。生性強健，常用來作為行道樹或是工業區的綠化樹木。／f.高3.3公分，原產地為歐洲。／g.高3公分，原產地為日本、朝鮮半島、台灣及中國。葉子用來包裹柏餅（譯注：柏餅，日本甜點和菓子，端午節應景點心）。／h.高3.5公分，原產於日本及東亞，作為燒木炭的柴火或是栽培香菇的椴木。／i.高2.2公分，原產地為日本，生長在日本本州東北以南地區，種子炒過後可食。／j.高3.5公分，原產於北美西部。／k.高3公分，原產於北美中部，秋天紅葉非常美。／l.高2公分，原產於北美東部到中部。／m.寬3公分，原產於中國南部到東南亞北部，有發達的天鵝絨毛狀摺邊殼斗，非常特別。／n.寬3.5公分，原產於婆羅洲。／o.寬3.2公分，原產於中南半島北部／p.寬2公分，原產於越南到印度之間，泰國北部用來食用，堅果被栗子形狀的殼斗包覆。

a. **冬青櫟**
Quercus rotundifolia

b. **西班牙栓皮櫟**
Quercus suber

c. **槌櫟**
Quercus chrysolepis

d. **華南青剛櫟**
Quercus edithiae

e. **陀螺石櫟**
Lithocarpus turbinatus

g. **沒食子櫟**
Quercus infectoria

h. **西班牙櫟（南方紅櫟）**
Quercus falcata

f. **石櫟屬**
Lithocarpus sp.

j. **厚鱗柯**
Lithocarpus pachylepis

i. **鬼石柯（鬼櫟）**
Lithocarpus lepidocarpus

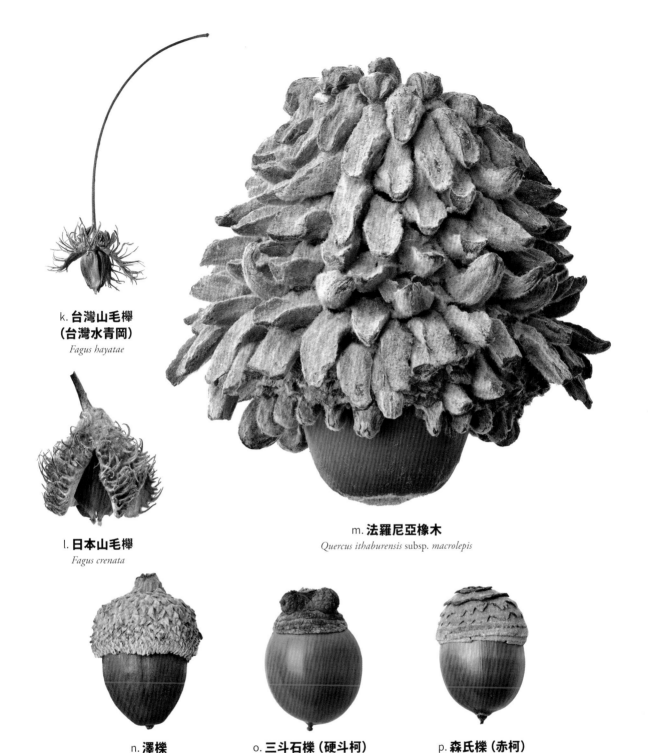

k. 台灣山毛櫸（台灣水青岡）
Fagus hayatae

l. 日本山毛櫸
Fagus crenata

m. 法羅尼亞橡木
Quercus ithaburensis subsp. *macrolepis*

n. 澤櫟
Quercus bicolor

o. 三斗石櫟（硬斗柯）
Lithocarpus hancei

p. 森氏櫟（赤柯）
Quercus morii

a. 高3公分，原產地在地中海沿岸，種子無澀味，可食，用來增肥西班牙的伊比利豬。／b. 高4.5公分，原產地在地中海沿岸，樹皮用來做軟木塞。／c. 高5公分，原產於北美洲西部，沿海常見的常綠樹木。／d. 高5公分，原產於中國南部到越南一帶。／e. 高5公分，原產於婆羅洲。／f. 寬5.3公分，原產於婆羅洲。／g. 高3.3公分，原產地為希臘，自古以來這種樹的葉子所結的蟲癭（核果瘤）被作為藥物。／h. 寬2.5公分，原產於北美洲東部到中南部。／i. 種子高2.5公分，台灣原生種，種子被殼斗完全包覆，藉由老鼠或松鼠齧咬才能發芽繁殖。／j. 寬5公分，原產於中國南部到越南一帶。／k. 高1.8公分，台灣原生種，特徵是果實的長柄。／l. 高2.8公分，日本原生種，在青森秋田一帶有山毛櫸純林，特徵是三角錐狀果實。／m. 高5.5公分，原產於巴爾幹半島到地中海東部一帶。／n. 高3.3公分，原產於北美洲東北部到中部一帶。／o. 高2.5公分，原產於中國南部及台灣／p. 高2.8公分，台灣原生種。

核桃家族

核桃是分布在北半球溫帶地區的雌雄異體樹木，
目前已知有21種，其中有些會結出大核果。
種子富含脂肪質、維生素E和礦物質，自古用來食用。

胡桃（波斯胡桃）
Juglans regia

胡桃科／Juglandaceae／高4.2公分
是普通胡桃的變種，據說是由朝鮮胡
桃和波斯胡桃自然雜交而成，胡桃家
族裡殼最薄、可食部分最大的美味品
種，日本主要產地在長野縣。

山胡桃（胡桃楸）
Juglans mandshurica var. *mandshurica*

胡桃科／Juglandaceae／高4.2公分
分布在中國東北到朝鮮半島北部，
果皮厚且溝紋很深。

日本鬼胡桃
Juglans mandshurica var. *sachalinensis*

胡桃科／Juglandaceae／高3.3公分
日本原生種，食用歷史可追溯至繩文
時期。葉子含有大量毒他物質，抑制
其他植物在它周圍生長。

黑胡桃
Juglans nigra

胡桃科／Juglandaceae／高3.6公分
分布於北美洲，木材為暗黑色且有
光澤，常被用來製作家具。果實非
常美味，但殼太硬很難打開。

手揉胡桃
Juglans x spp.

胡桃科／Juglandaceae／高4.2公分
據說是波斯胡桃園藝種與日本原生
鬼胡桃的雜交種。殼很難剝而且可
食部分很少，在日本通常當作穴道
按摩工具。

姬胡桃（心形胡桃）
Juglans mandshurica var. *cordiformis*

胡桃科／Juglandaceae／高3.2公分
日本原生種。跟鬼胡桃比起來果皮表
面比較光滑，呈心形，殼很硬而且可
食部分很少，不過還滿好吃的。

紅杉三兄弟

這三種針葉樹都有柏科植物特有的羽狀複葉（羽狀小葉對生成兩列），
但其實它們在植物分類是不同的屬，而且是一屬一種。
巨杉是全世界體積最龐大的樹木，北美紅杉是世界上最高的樹木，
而水杉是以「活化石」而聞名。

巨杉（世界爺）

Sequoiadendron giganteum

柏科／Cupressaceae／
高6.5公分
原生於美國加州內華達山脈西部的常綠樹，因為樹幹粗大而被稱為巨杉，也因為精實粗壯的樹形而被稱為雄紅杉。

水杉

Metasequoia glyptostroboides

柏科／Cupressaceae／高2.2公分
包含日本在內的北半球都發現過這種樹木的化石，本來被認定已經滅絕，但1940年代在中國四川省發現存活的樹木而被稱為活化石。

北美紅杉（長葉世界爺）

Sequoia sempervirens

柏科／Cupressaceae／高2.5公分
原生於美國奧勒岡州與加州之間的常綠樹。江戶時代末期初次被引進到日本，雖然是高度超過100公尺的巨木，但它的果實卻很小，樹形細長又被稱為雌紅杉。

松果的世界

松果是有球形或橢圓形狀的松科果實的俗稱。
有些種子長了鱗翅，可以讓它們隨風移動吹得更遠。已知有11個屬超過200種的松科植物，
其中佔最多的松屬約有110種，大部分都在北半球，只有南洋松分布在南半球。
日本約有6-7種松屬原生種。順帶一提，本來pineapple（松pine+蘋果apple）在英文的意思是松樹的果實，
但後來在美洲大陸發現鳳梨這種水果與松果很類似就被移用。

喜馬拉雅雪杉（松）

Cedrus deodara

松科／Pinaceae／高10.5公分　原產於喜馬拉雅山西側到巴基斯坦北部。雖然被稱為是「杉」，但它其實是松科的一種。雪松屬被視為是神聖的樹，它的種加詞deodara在印度語當中是指「神之樹」。卵形果實朝向天空生長、張開，最後碎裂成片，但果實尖端會維持花的形狀，被稱為雪松玫瑰。種子帶有果翅，掉落時會在空中做完美迴旋。

大果松

Pinus coulteri

松科／Pinaceae／高30公分
原產於美國西部的三葉松。松果非常
巨大，有時可以達到30公分以上，重
達2公斤，果實尺寸僅次於糖松但重
量是世界第一。松果鱗片前端尖銳而
且往上倒捲，松子很大顆。

攝影：John Macdonald,
Research Associate,
California Botanic Garden

日本南部鐵杉

Tsuga sieboldii

松科／Pinaceae／高2.2公分
分布於本州到九州的高山地區及韓國南部。葉子有長有短上下並列，與冷杉的生長環境及物種特徵很類似，但葉子柔軟無刺。

糖松

Pinus lambertiana

松科／Pinaceae／高32公分
原產於美國西部的一種五葉松。高達70公尺以上的巨型樹木，松果最長也超過50公分，是松屬植物裡最長的。種子帶有大鱗翅而且可以吃。這種樹也可以採收甜樹脂，所以被稱為糖松。

花旗松（北美黃杉）
Pseudotsuga menziesii

松科／Pinaceae／高7.5公分
原產於美國西北部。高度可達100公
尺的巨型樹木，常被用來做建材，
特徵是松果鱗片外側有爪狀突起。

日本冷杉
Pseudotsuga japonica

松科／Pinaceae／高5公分
只生長於日本的原生種。木材常
被用來製作木桶。

台灣油杉
Keteleeria davidiana var. *formosana*

松科／Pinaceae／高7.5公分
原產於中國南部及台灣，木頭含有大
量油脂所以被稱為油杉，松果在乾燥
後會向外反曲。

日本金松（高野槙）
Sciadopitys verticillate

金松科／Sciadopityaceae／高5.8公分
日本特有種。樹形優美，是廣受喜愛
的庭園造景樹木。在日本和歌山半島
的佛教聖地高野山，用它作為供佛的
靈木。

歐洲雲杉
Picea abies

松科／Pinaceae／高17公分
原產於歐洲中北部，有許多園藝種，常被用來做
聖誕樹，枝葉不太會乾枯也不太會下垂，被廣泛
種植用來防風、防雪。它的松果是雲杉屬裡面最
大顆的，黑森林咕咕鐘的鐘錘取自它的造形。

日本雲杉
Picea torano

松科／Pinaceae／高9公分
日本特有種。在日本山梨縣的山中湖附近有一片
被指定為天然紀念物的雲杉純林。雖然是雲杉屬
但外形比較像冷杉，據說因為葉子像針一樣尖
銳，在日本也被取了「針葉冷杉」這個名字。

喬松
Pinus wallichiana

松科／Pinaceae／高23公分
原產於喜馬拉雅山區的五葉
松，非常高大，會分泌白色樹
脂，很多松果都超過20公分。

華山松
Pinus armandii

松科／Pinaceae／高12公分
原產於中國及台灣的五葉松，在台
灣被叫做華山松。種子沒有鱗翅，
大小約10到15公釐，松子可食。

紅松
Pinus koraiensis

松科／Pinaceae／高11公分
原產於東亞的五葉松。它的松果是日本松
樹當中最大的，乾燥後松果鱗片不會張
開，含著種子直接掉到地上，它的種子沒
有鱗翅，也就是我們常吃的松子。

火炬松

Pinus taeda

松科／Pinaceae／高9公分
原產於美國東南部的三葉松。在日本的公園
常可看到它的身影，毬果鱗片前端尖而細、
有刺棘，不小心碰到就會被刺。

海岸松

Pinus pinaster

松科／Pinaceae／高12.5公分
南歐原產的二葉松。毬果滿大的，最大的接近
20公分，種子雖小但鱗翅卻不小，可以從空中
漂亮迴旋落地。這種樹木被大量種植，用以採
收松脂或是當作建材。

義大利傘松

Pinus pinea

松科／Pinaceae／高12公分
南歐原產的二葉松。松子大約2公分但
沒有鱗翅，自古以來大量栽培食用。
老樹的樹形如同它的名稱一樣變成傘
狀，也常用來作為庭園造景。

沙濱松
Pinus sabiniana

松科／Pinaceae／高15公分

原產於美國西部的三葉松。葉子是美麗的銀白色，所以英文名稱是gray pine。 松果重量僅次於大果松，種子的鱗翅很小而且不會掉落。

北美喬松
Pinus strobus

松科／Pinaceae／高12公分

原產於美國東部的五葉松。特徵是毬果鱗片的白色樹脂，樹高50公尺以上，是美國大西洋沿岸最高的樹木，也是很重要的建材來源。

各式各樣的豆子

豆科植物是有650屬接近12000種的龐大家族，
以草本、木本及攀藤等各種形態出現，
本書要介紹的是世界上各種外觀具有特色的豆莢。

南美叉葉樹
Hymenaea courbaril

豆科／Fabaceae／高18公分
原產於中南美洲的常綠喬木，高度可達45公尺。豆莢又大
又硬，10到20公分不等，被它砸到會受傷，種植地區有特

定限制。打開豆莢，成排的種子包著甜味果肉，在原產地
常被用來當食物，果實有獨特味道。用途廣泛，樹皮、樹
脂和木材均有用。

油楠（大葉蘇白豆）

Sindora siamensis var. *siamensis*

豆科／Fabaceae／寬7.8公分

原產於東南亞的落葉小喬木。不到1公分的紅黃
色穗狀花序結果後，形成表面有棘刺、長約4到
10公分的特別豆莢。1.5公分左右的黑褐色扁平
種子包著假種皮，落地後白蟻啃食假種皮，讓
它露出吸水孔促進發芽。

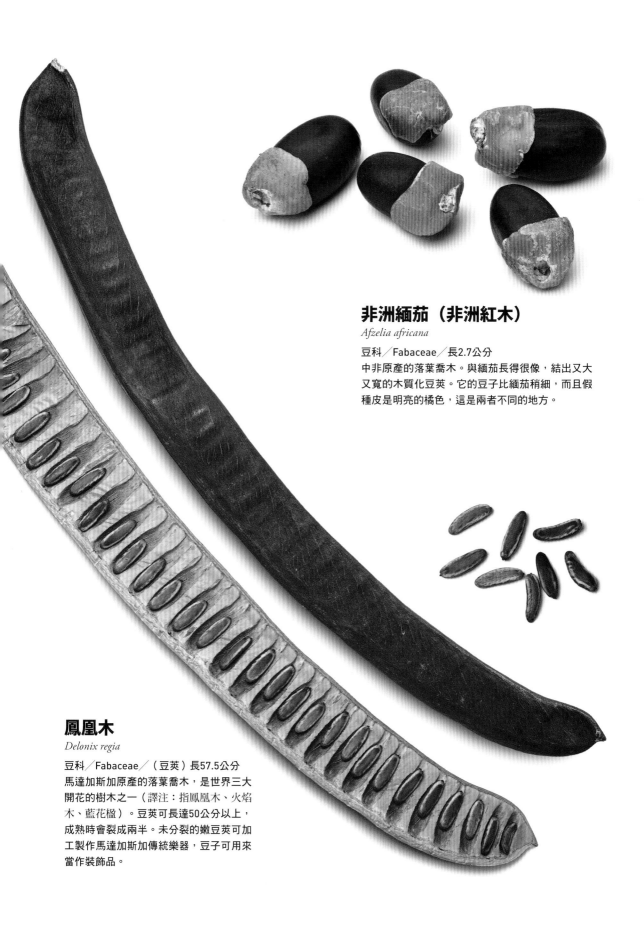

非洲緬茄（非洲紅木）

Afzelia africana

豆科／Fabaceae／長2.7公分
中非原產的落葉喬木。與緬茄長得很像，結出又大
又寬的木質化豆莢。它的豆子比緬茄稍細，而且假
種皮是明亮的橘色，這是兩者不同的地方。

鳳凰木

Delonix regia

豆科／Fabaceae／（豆莢）長57.5公分
馬達加斯加原產的落葉喬木，是世界三大
開花的樹木之一（譯注：指鳳凰木、火焰
木、藍花楹）。豆莢可長達50公分以上，
成熟時會裂成兩半。未分裂的嫩豆莢可加
工製作馬達加斯加傳統樂器，豆子可用來
當作裝飾品。

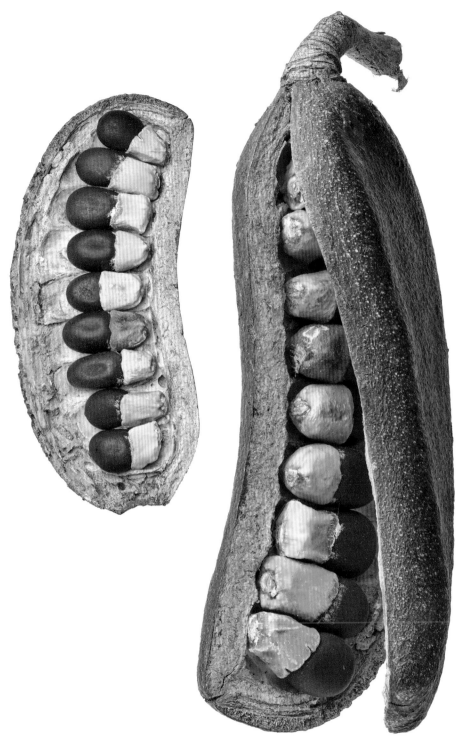

緬茄

Afzelia xylocarpa

豆科／Fabaceae／（豆莢）長17公分

原產於東南亞的落葉喬木。扁平但看起來很有分量的種子整齊排列在木質堅硬的豆莢裡面，成熟時豆莢會自然打開，撒出帶著假種皮的豆子。種子跟石頭一樣硬，日本一直以來進口作為製作佛珠的原料，被賣佛具店家稱為緬茄菩提樹，但實際上它跟錦葵科的菩提椴或是桑科的印度菩提樹一點關係也沒有。

厚殼鴨腱藤

Entada rheedii

豆科／Fabaceae／（豆莢）長76公分

原產於中非及東南亞。豆莢長約1公尺，每個直徑約3到5公分的豆子分別住在豆莢膜隔間裡面，當豆莢成熟，豆莢膜每個節各自裂開四散。種子有浮力，從沿河的原生地隨著河流往下漂流，最後乘著洋流來到世界各地的海岸，也因此它的豆子被航海人員當作幸運符。

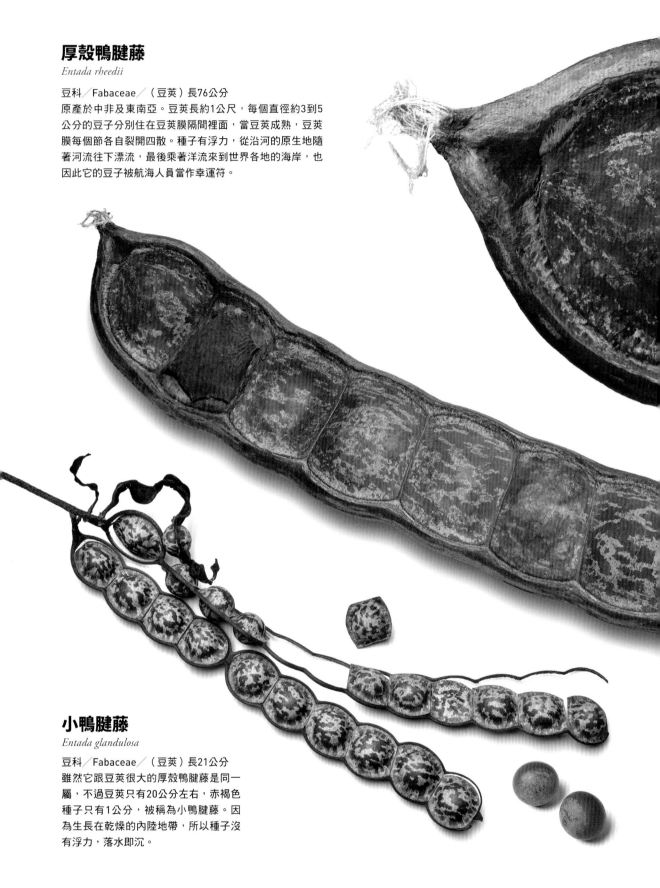

小鴨腱藤

Entada glandulosa

豆科／Fabaceae／（豆莢）長21公分

雖然它跟豆莢很大的厚殼鴨腱藤是同一屬，不過豆莢只有20公分左右，赤褐色種子只有1公分，被稱為小鴨腱藤。因為生長在乾燥的內陸地帶，所以種子沒有浮力，落水即沉。

海之心

Entada gigas

豆科／Fabaceae／（種子）寬6公分
生長在南美洲與非洲，跟厚殼鴨腱藤屬同一家
族，經常漂流到美國的東南海岸。種子外觀有一
凹陷看起來像是一顆心，因此被稱為海之心。

孔雀豆（相思豆）

Adenanthera pavonina

豆科／Fabaceae／（豆）寬0.9公分
舊熱帶界原產的常綠喬木。乳黃色的
穗狀集合花序，豆莢中的具有光澤的
鮮紅色種子像算盤珠子，自古即用來
當作裝飾品。

太極紅豆（雌豆，全紅色）

Ormosia spp.

豆科／Fabaceae／高1.2公分
原產於北美西南部到南美之間的常綠喬
木。紅色雌豆與黑紅色雄豆的大小差不
多，差別在於有沒有黑點。紅豆屬家族
裡面，有很多物種都會結出紅色種子，
在流通販賣時可能會被混在一起。

太極紅豆（雄豆，紅黑色）

Ormosia coccinea

豆科／Fabaceae／寬1公分

原產於北美東南部到南美的常綠喬木。5公分左右的皂莢裡有幾個紅黑兩色的豆子，特徵是在豆子肚臍的地方是紅色，側面其他部分為黑色。自古用來作為裝飾品，尤其在南美洲被認為是一種幸運符。同屬家族裡面有很多不同種類的紅黑豆，有可能在流通販賣時被混在一起。

相思子（雞母珠）

Abrus precatorius

豆科／Fabaceae／（豆）高0.6公分

在全世界的熱帶地區已被馴化，它是長度可達數公尺的藤本植物。2至3公分的皂莢裡面有2到4個紅黑雙色的豆子，它的肚臍是黑色的，自古即用來當作裝飾品，不過由於種子含有雞母珠毒素，進行產品加工時要特別注意。

耳豆樹（象耳樹）

Enterolobium cyclocarpum

豆科／Fabaceae／（豆莢）寬12公分

原產於中美洲和南美洲北部的落葉喬木。會開出白色蓬蓬集合成圓形的花朵。果莢寬大而且彎曲成獨特形狀，又被稱為象耳樹，是哥斯大黎加的國樹。墨西哥人取它的嫩種子煮食，在哥斯大黎加則用它美麗的種子製作裝飾品。因為生長快速所以也用來當作綠化植栽，不過在某些地方被視為外來種侵略性植物。

項鍊豆

Cathormion umbellatum

豆科／Fabaceae／（豆莢）長10.2公分
原產於東南亞到澳洲的落葉小喬木。嫩豆
莢一節節緊密排列，豆莢類似鴨腱藤，成
熟之後皂莢表面會有細細的裂紋，散發出
金屬般的光澤。

印尼頷垂豆
（稀花猴耳環、緬甸臭豆）

Archidendron pauciflorum

豆科／Fabaceae／（豆莢）寬13公分
原產於東南亞的常綠喬木。白色的花朵形
狀很像合歡。皂莢經常變形扭曲為螺旋形
狀，如果水分充足，發芽的種子可以像豆
芽一樣食用，在泰國南部、印尼等地都滿
受歡迎。

各種椰子

棕櫚科共有181屬2600種之多，生長在沙漠及熱帶地區，
從蔓性、矮生到沒有樹幹的叢生等等，各具姿態。
最有代表性而且被廣泛種植的，莫過於可以採收椰奶的可可椰子、採收椰實榨棕櫚油的油棕，
或是果實可以生吃或晒成乾的椰棗樹等。
另外也因為具有獨特的熱帶風情，常被用來做庭園造景，用途非常廣泛。

海椰子
Lodoicea maldivica

棕櫚科／Arecaceae／高32公分
世界上尺寸最大的種子。原產於塞席爾群島其中兩座島嶼。果實很大，有的甚至
達40公分以上，在日本又被稱為大果椰子。果實外形很像女人的臀部，加上果
實巨大，自古以來在海漂被沖上岸的地方，都因其外形加上果實來源披著一層神
祕的面紗，而受到珍藏。不過具有發芽能力的果實因為比較重所以無法在海上漂
流。繁殖性很差，從發芽到結實需要30年的歲月，在原生地設有自然保護區，
每棵樹都被列管鍵入資料庫，每一顆出售的椰果都有政府發行的許可證。

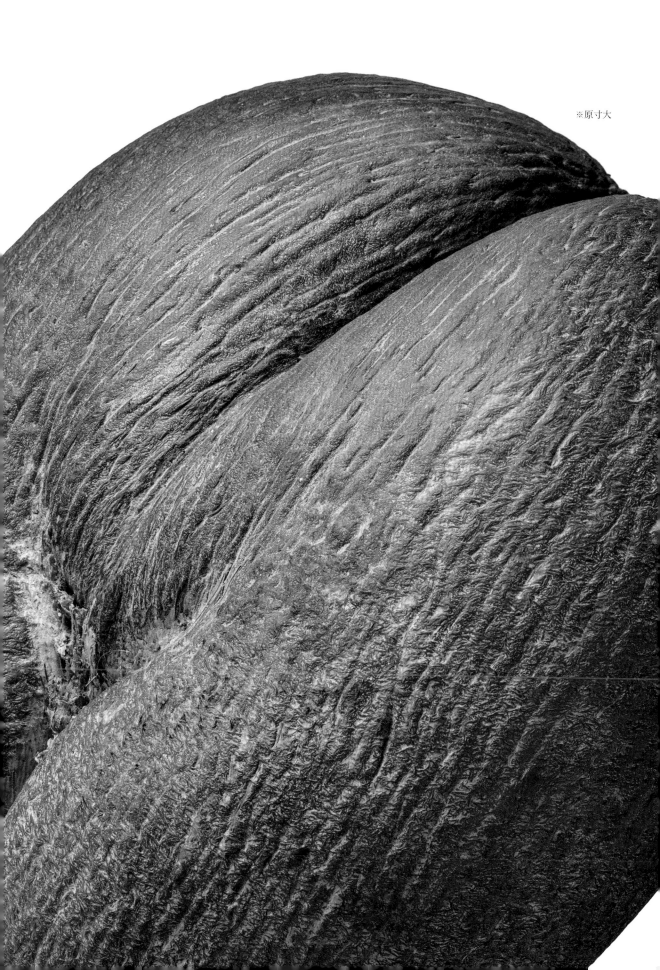

※原寸大

羅傑氏棕櫚（藍棕櫚）

Latania loddigesii

棕櫚科／Arecaceae／高3公分
模里西斯群島特產。樹木高度約10公
尺左右的單幹直立椰子，大部分種來
觀賞，椰實裡面有倒卵形種子，單側
有雕刻般的皺襞樹狀圖紋。

狐尾椰子

Wodyetia bifurcata

棕櫚科／Arecaceae／長5公分
原產於澳洲西北部。葉子有如棕刷，
狀似狐狸尾巴而得名。果實每顆大約5
公分左右，聚生成串，果實內的黑色
種子表面的棕鬚有如浮雕一般。

巴西棕櫚樹（巴巴蘇椰子）

Attalea speciosa

棕櫚科／Arecaceae／寬10.5公分

原產於亞馬遜河流域。照片所示大小的果實通常含有3個以上的種子，核仁含有60%以上的油，可製作食用油或化妝品等，用途很廣。它是一種利用價值非常高的植物，一棵樹可以結好幾百個果實，莖葉皆可利用，不過只能透過人力打開果實取出核仁，有點麻煩，所以一直沒有辦法進行大量生產。

象牙椰子

Phytelephas aequatorialis

棕櫚科／Arecaceae／（右圖的果實）寬26公分

原產於南美厄瓜多爾。由很多個果實聚集，變成直徑約30公分、表面粗糙的聚合果。 每個果實包含3-5個種子，乾燥後裡面的胚乳會變得很硬，質感和顏色都類似象牙，所以也被稱為美洲象牙椰子。歐美各國用它來製作鈕扣已有一百多年以上的歷史，曾經每年出口約四萬噸，不過由於50年代塑膠普及以致需求減少，目前只用來作為雕刻或是裝飾品等特定用途。

非洲棕櫚

Hyphaene coriacea

棕櫚科／Arecaceae／寬7.7公分
原產地是非洲東部熱帶地區。它有棕櫚家族少見的分叉樹幹，
所結的果實形狀很像西洋梨，外皮的纖維部分爽脆又有甜味，
據說嚐起來很像薑餅。乾燥之後胚乳會變得非常堅硬，被拿來
當作象牙的替代品，因此也被稱為非洲象牙椰子。

太平洋象牙椰子（象牙西谷椰子）

Metroxylon amicarum

棕櫚科／Arecaceae／寬11公分

原產於密克羅尼西亞島群南邊的加羅林群島。是發芽之後幾十年才會開花，結果之後就枯萎的單次繁殖型椰子，球形果實直徑7公分，包覆紅棕色的鱗狀果皮，象牙色果實胚乳在乾燥後非常堅硬，塑膠普及之前被用來製作鈕扣，所以也被稱為鈕扣椰子。還聽說過二戰期間被派到南洋戰場的日本兵及軍護，有人把它當作紀念品帶回國，後來輾轉賣到古董店的故事。

木百合家族

山龍眼科的木百合屬（Proteaceae）家族共有80種，
是南非特有的雌雄異株樹木族群。該物種的樹枝尖端都有木質的松果錐形花頭，
不同物種的種子樣貌和傳播方式相異，譬如帶有絨毛或扁球形果翅的隨風飄散、
藉由老鼠之類的小動物來散播、提供脂質體引誘螞蟻幫忙散布，
或是火災時打開花頭讓種子飛出來等方式。

a. **銀果木百合**
Leucadendron muirii

b. **無中文譯名**
Leucadendron meridianum

c. **無中文譯名**
Leucadendron pubescens

d. **無中文譯名**
Leucadendron rubrum

e. **無中文譯名**
Leucadendron platyspermum

f. **銀葉木百合**
Leucadendron argenteum

a. 高5.3公分，在木百合家族裡面花頭外形最像錐形松果的品種。／b. 高4.3公分，頭狀花序看起來像大型的落葉松，靠近花序附近的黃色葉子讓它看起來很亮眼。／c. 寬3.8公分，被絨毛覆蓋的圓頭，長得很像一朵花，在未乾燥之前顏色偏黑。／d. 寬6.1公分，乾燥後花頭打開滿美的，花蕾形狀獨特像是一顆凹凸不平的大蔥頭。／e. 高4.4公分，像蜂蜜攪拌棒形狀的花頭，裡面是帶有薄翅膜的種子。／f. 高8.4公分，葉子和果實都被銀白色的絨毛覆蓋，木質化的大型花頭裡面藏著毛絮般的種子。

桉樹家族

桉樹家族包含變種共有1000多種，其中大多是澳洲特有種。
葉子有油腺，氣味獨特，雖然易燃但種子很耐火，有些品種甚至沒碰到野火就不會發芽。
另外，它們的萼片和花瓣合生而成帽蓋，特徵是開花時蓋子會脫落露出雄蕊和雌蕊。

美葉桉

Corymbia calophylla

桃金孃科／Myrtaceae／（果實）長2.8公分
廣泛分布在澳洲西南部。最近幾年它的分類
已經從桉樹屬被移到傘房桉屬。通常是5到7
朵花聚集，雄蕊為白色或黃白色，果實為開
口很大的壺形。

大果桉

Eucalyptus macrocarpa

桃金孃科／Myrtaceae／寬6公分
原產於澳洲西南部內陸地區，圓形銀白色的葉
子，大花一朵朵單獨開放，雄蕊是鮮豔的紅
色。圓錐狀果實約5到7公分，也是桉樹家族當
中最大顆的，頂端有五個裂縫。

紅盔桉

Eucalyptus erythrocorys

姚金孃科／Myrtaceae／（果實）寬5公分
原產於澳洲西南部沿岸。大都是三朵花聚成一
組，雄蕊為黃綠色，果實為四方形或五角形，
側面有很多溝紋。

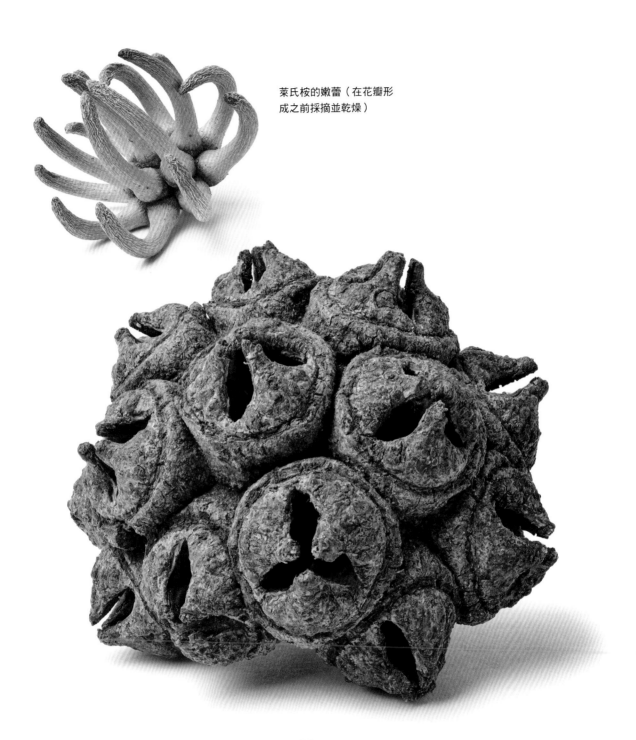

萊氏桉的嫩蕾（在花瓣形
成之前採摘並乾燥）

萊氏桉（蜘蛛桉）

Eucalyptus lehmannii

桃金孃科／Myrtaceae／寬6公分
原產於澳洲西南部沿岸。約10到15朵花聚集成一
簇，雄蕊為淡綠色，因為嫩蕾乾燥之後的外觀而在
日本被稱為蜘蛛口香糖。開花結果之後果實前端會
有三裂或四裂，裡面塞滿種子。

猴麵包樹
（猢猻木）家族

錦葵科（Malvaceae）的猴麵包樹（猢猻木）家族共有8種，
生長在非洲大陸、馬達加斯加島和澳洲這三個地區。
由於分布區域很廣，被認為是可以追溯到遠古岡瓦那古陸的植物。
生長於熱帶莽原地區，為了度過乾旱，樹幹具有貯水功能，
較大的樹外形尤其特別。

a. **澳洲猴麵包樹**
Adansonia gregorii

b. **非洲猴麵包樹**
Adansonia digitata

c. **大猴麵包樹**
Adansonia grandidieri

d. **芬尼猴麵包樹**
Adansonia fony

e. **博茲猴麵包樹**
Adansonia za

a. 高16公分，樹幹呈酒瓶形狀，在樹幹較低的位置也會長出繁茂的樹枝，朝上開的花朵為乳白色，果實形狀多樣。／b. 長26公分，廣布於非洲大陸莽原地帶，樹幹直徑超過10公尺的巨木，白色的花朝下開，日本京都府立植物園也有栽種。／c. 高15公分，生長於馬達加斯加島。由這種樹形成的林蔭大道遠近馳名，因應不同環境樹形也會產生很大變化，白色花朵往上開。／d. 高12.5公分，分布在馬達加斯加島，是猴麵包樹當中體型最小的，只有4到5公尺，朝上開的花朵為橙色或紅色，花瓣和雄蕊幾乎一樣長，大阪的鮮花競放館也有種植。／e. 高度29公分，馬達加斯加島數量最多的猴麵包樹，灰色樹幹是主要特徵，花朵為橘色或紅色，花瓣長度可達雄蕊的兩倍，花朵朝上。

植物的種名如何形成——分類學的演變

　　讓我們進一步從分類學的變遷來分析每一個分類系統的特色。一般來說，除了各個國家所使用的慣用名稱，通常生物學上還有另一種通用名稱，那就是由瑞典博物學家林奈提倡二名法，由拉丁屬名和物種名稱所建構出的學名。17世紀到18世紀上半葉，從不同殖民地收集到的標本，被帶到歐洲形成自然歷史研究的風潮，例如林奈就當時已知的動植物進行系統化整理分類，在1735年出版《自然系統》（Systema Naturæ）這本書，它總結每個物種的特徵以及相似物種之間的差異。林奈所使用的分類方法是除了基本單位的物種，還建立位階更高的綱目屬分類並做了分層定位，形成現代的分類法。

　　林奈嘗試對植物進行分類並特別注意雌蕊的數量，他在1737年出版《植物屬誌》（Genera Plantarum），1753年出版《植物種誌》（Species Plantarum 1st Edition），使用屬和種的二名法來描述植物名稱，現代生物所用的學名就是根據林奈這個概念及通用的命名規則所形成。不過由於林奈是利用形態相似性來做分類，因此當達爾文在1859年發表《物種起源》（On the Origin of Species），進化論得到廣泛認可之後，林奈的分類法明顯無法涵蓋到物種進化這部分。隨著時間過去，德國植物學家恩格勒（Adolf Engler）認為花朵的結構是從簡單演化到複雜，而在1892年提出恩格勒分類系統。後來漢斯（Hans Melchior）等人又在1953年和1964年提出新的恩格勒系統，以改善舊恩格勒系統不足之處，這個系統是把不開花如羊齒、苔蘚和藻之類的隱花植物和會開花的顯花植物（種子植物）分開，然後又將種子植物分為裸子植物（如銀杏、蘇鐵和松樹）和子房包著胚珠的被子植物。另外，根據從種子發芽時到首次出現的葉片而把被子植物分為雙子葉植物和單子葉植物，雙子葉植物又根據花瓣是否裂開而進一步分為合瓣花和離瓣花。

　　由於恩格勒概念的分類系統是根據花朵外形來進行區分，明顯易懂，所以長期以來被日本的圖鑑和教科書所採用。不過，隨著研究持續進行，發現同科植物裡面有些花瓣會分開、有的沒分開，有三片花瓣和三片花萼花朵構造的植物雖然被分到百合科，但卻發現同一科裡面花形各有不同，這些例子都無法用新恩格勒分類法來解釋，而且隨著科學的發展，越來越發現不同科之間的關係無法與物種演化系統吻合。在這種情況下，1981年美國植物學家克朗奎斯特（Arthur Cronquist）基於「被子植物的花起源於花瓣、雄蕊、雌蕊以螺旋狀排列的雙性花，花的器官組合越少表示越進化」的胞子葉球（Stroboliod）理論，提出克朗奎斯特分類系統。這個分類體系跟新恩格勒分類一樣，把開花的被子植物分成雙子葉和單子葉兩大類，最大的差異在於後者把雙子葉植物分成合瓣花和離瓣花，但前者把這部分拿掉。其他諸如豆科被分為三大類，把菝葜科從百合科移出來，整合石蒜科與百合科等等。

　　儘管克朗奎斯特分類系統比新的恩格勒系統更接近物種起源，不過基本上仍是利用物種形態特徵所做的分類，而且在克朗奎斯特分類系統被廣泛使用之前，正好碰到1980年代以來將重點放在植物DNA鹼基排序的分

子系統分類，因為分析儀器和電腦性能大幅提升而在世界各地有顯著進展。

所謂的DNA就是各種生物的遺傳密碼，也被稱為生物的藍圖，是由 A（腺嘌呤；Adenine）、T（胸腺嘧啶；Thymine）、G（鳥嘌呤；Guanine）、 C（胞嘧啶；cytosine）等四種鹼基所組成，解開它的排序就可以做DNA分析，特別是從葉綠體所含的DNA來分析被子植物演化過程的研究發展非常迅速。這些新發現被匯總到國際植物學家小組被子植物學系統研究組（APG），從而在1998年提出 APG分類系統，隨著研究進展和資料添加，分別於2003年和2009年做了修訂，第四版也在2016年發布並一直使用至今。以前的分類系統是用外觀形態假設植物的演化來進行分類，而APG系統是採用精細的DNA序列分析來建構的分類系統，手法完全不同，也因此有不少人對APG分類和長久以來使用的新恩格勒分類之間的巨大差距感到很困惑，因為看起來很像而一直被歸類在同科，用DNA一查卻發現根本沒關係而另設一個科別，或是因為外觀不同一直被分在不同科別，但由於基因相近而被整合到同一科之類的重大變更等等。舉幾個跟本書有關的植物為例，蘿藦（Metaplexis japonica）和夾竹桃（Nerium oleander）以前是分開但現在歸併為夾竹桃科。楓、無患子和日本七葉樹現在都改成無患子科。以前的錦葵科、木棉科、椴樹科、梧桐科，現在通通都歸隊統稱為錦葵科。雖然這樣的改變可能造成視覺上的違和感，不過由於在新的研究方面APG分類已經成為主流，透過它至少可以知道植物到底屬於那個類別以及它們到底經過何種演化。目前APG分類還不夠普遍（編按：此為日本的情況，台灣這兩年出版的專業植物科普書幾乎都採用APG系統。），市面上繼續使用新恩格勒或是克朗奎斯特分類系統註記的書籍也不少，處在這種過渡時期，翻查不同圖鑑卻發現科名不同的機會應該滿多的。不過由於研究日新月異，隨著更多資料的累積將會讓物種之間的關係更加明確，或許科與屬會再重新編整並收錄在APG分類系統也說不定。加上世界各地每天都有新的植物種類被發現，在植物分類學的領域其實還有許多值得研究的地方。

梧桐
Firmiana simplex

錦葵科／Malvaceae ／長10.5公分
原產於中國南部和台灣的落葉喬木，大葉子類似泡桐。開花之後，每朵花會結五個袋狀果，成熟後分裂變成小船形狀，種子長在果實邊緣。

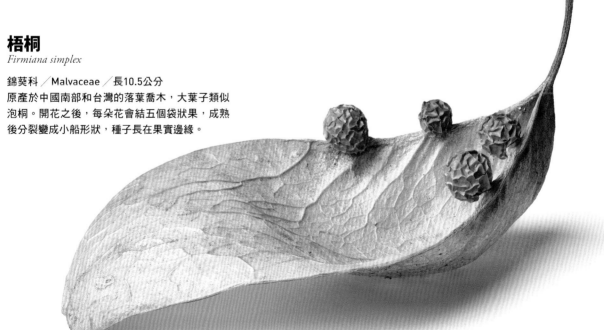

第2部 展開

　　對樹木果實了解越多，就越想知道植物到底有多聰明。人類渴望在空中飛行，早從達文西時代就開始發明各種飛行器，但是植物在更久遠之前的演化過程，就已經列入這個選項。根植於土地，無法像人類和動物那樣自由移動的植物，早就做出各種努力，將種子傳播到更遠更廣闊的新世界。例如一些植物在惡劣環境（容易發生野火的炎熱乾燥地區以及雨季時被洪水淹沒的低窪地）還是可以挺過去，為了讓種子著根，植物會孕育出藉由乾燥或高熱才能打開的堅硬果實，或是可以漂浮在水上的果實。 甚至還有像螺絲一樣的豆莢或毛茸茸的果實，要碰到水氣才會解開把種子灑到地面上或利用旋轉力道把種子埋入地面，可說是魔術師等級的水準。本書收錄的種子傳播方式大致區分為，利用絨毛或是翅膜在空中飛翔翻騰的「飛行組」、帶著翅膀利用旋轉力轉圈圈掉到地上的「旋轉組」、使用勾刺纏住動物體毛來移動的「倒勾組」、乘著河海水流移動的「漂流組」、利用果實破裂的爆發力而將種子彈出的「爆破組」，這裡面還要特別介紹利用乾燥和高熱，把種子像扣扳機一樣彈出去的「燥熱爆炸組」，利用動物或鳥類食用來傳播的果實在本書中沒有特別做分組。

　　植物為了進行多樣的繁衍方法，果實才會有這麼多特別造形，也因此我們在第二部特別做了果實的介紹。跟第一部著眼於分類學相近及形狀的介紹方式不同，這裡的重點放在因為外形而使用相同傳播方式、但在分類學卻未必有關聯的物種。不論是絨毛形狀、數量，棘刺或是突起的大小，任何種子都有它獨特風采，這個世界上真的找不到一模一樣的果實啊！

西洋蒲公英
（第54頁）的種子

羅氏娑羅雙樹（第71頁）
果實迴轉落地的軌跡。

隨風飄舞

會讓種子在風中飛得很遠的樹木果實，
通常它的扁圓形薄膜翅膀都很發達，讓種子變成重心而在空中滑翔，
或是用絨狀纖維包覆種子以增加空氣阻力，以便在空中輕輕飄舞等等。
豆科植物只要有一顆豆子就可以讓豆莢擁有馭風而行的能力。

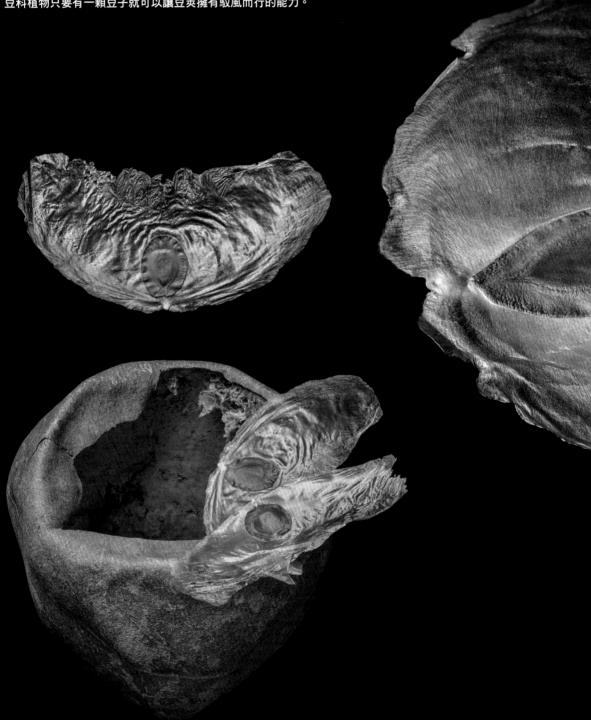

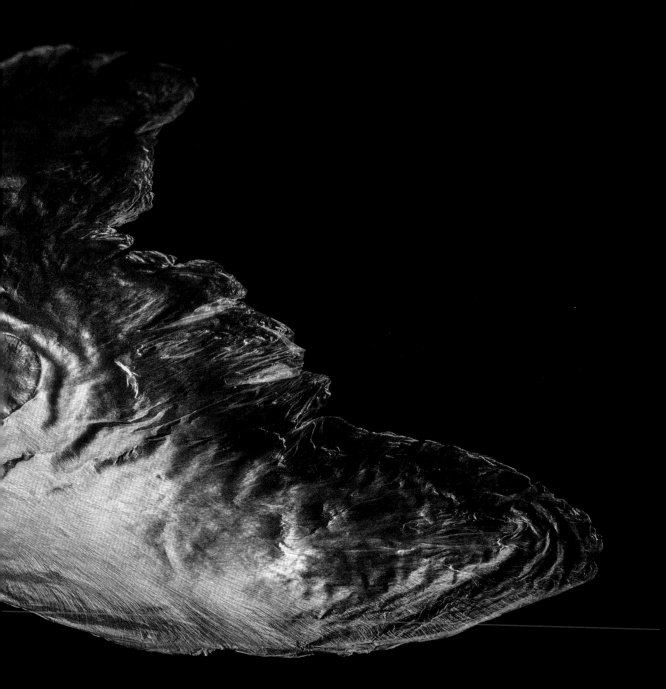

翅葫蘆

Alsomitra macrocarpa

瓜科／Cucurbitaceae／種子長16公分／果實寬22.5公分

原產地為印尼、馬來西亞。它會攀附其他樹木往上爬而在高處結出像西瓜那麼大的果實，成熟時果實底部裂開讓翅果飛出。每個大果實裡面有300到500個種子，它們的翅膀長度都不同，因此有的是直線飛行，有的是左右旋轉，也有的是螺旋落地，取決於個體差異而讓種子落到不同的地方。據說其翅果形狀啟發奧地利飛機工程師艾垂奇（Igo Etrich）而發明鴿式單翼機。

西洋蒲公英
Taraxacum officinale

菊科／Asteraceae／（絨毛）長1.5公分

歐洲原產。鋪在地面的葉子以叢生形狀向外
展開，舌狀的黃色小花聚集而成頭花，從總
苞片反捲與否可以區別西洋蒲公英和日本蒲
公英的差別。開花之後它的莖會往上伸展，
毛茸茸的種子形成毛球，然後隨風飛散。

西洋蒲公英 （放大圖）

芹葉牻牛兒苗

Erodium cicutarium

牻牛兒苗科／Geraniaceae／高1公分

原產地為歐洲。1公分左右的粉紅色花朵為五瓣，日本在江戶時代當作觀賞花卉引進，散布在日本各地，現在被視為雜草。開花後會形成又長又尖像是西洋劍形狀的豆莢，成熟之後豆莢五裂並形成纏繞的線圈，然後帶著裡面的種子一起落地，豆莢線圈在接觸到雨水或濕氣的情況下才會解開，藉著扭曲的力量讓種子鑽入泥土中。

木棉

Bombax ceiba

錦葵科／Malvaceae／高15公分

原產於亞洲熱帶地區的落葉喬
木，會開出直徑約10公分左右、
有點厚度的橘紅色五瓣花朵，一
般被種來當作觀花樹木。樹幹上
有很多尖刺，會結出紡錘形的蒴
果，果皮黑色，很容易就裂解成
五塊並釋出大量由棉絮包裹的種
子，這些棉絮即使掉在地上還是
很容易隨風吹動。

奧利諾科彎子木

Cochlospermum orinocense

胭脂樹科／Bixaceae／（蒴果）寬7公分

原產於中南美洲的落葉大喬木。樹枝末端簇
生直徑約7公分黃色五瓣花朵，與重瓣彎子木
屬於同一族群。開花之後會形成約7公分的橢
圓形蒴果，果實頂端在乾燥後張開，露出被
絨毛覆蓋的螺旋狀種子。

吉貝木棉

Ceiba pentandra

錦葵科／Malvaceae／高17公分

原產於中南美洲的落葉大喬木，樹木高度可以達到73公尺之多。從樹根到高度3公尺左右的樹幹可形成大板根，在東南亞地區被廣為種植。掌狀複葉，花朵是奶黃色，蒴果是黃褐色的紡錘形，乾燥後會垂直裂開，讓棉絮包裹的種子飛出。由於它的棉絮具有很好的彈性和防水性，因此在合成材料開發之前，經常用來做填充材料（例如救生衣）。由於它的棉纖很難跟其他物質混用，所以幾乎只能當作填充物而已。

木蝴蝶（故紙花）

Oroxylum indicum

紫葳科／Bignoniaceae／（果莢）長65公分

原產於印度到東南亞一帶的落葉大喬木。樹頂會長出約1公尺長的花序，並在夜晚開出外面紫紅色、裡面淡黃或米白色、約7公分的花朵。結果時會拉出長約1公尺的細長扁形蒴果莢，帶有白色寬翅的扁圓形的種子在果莢中排成兩列，數層交疊，乾燥裂果之後，種子脫落隨風飄散。東南亞當地人會食用它的新鮮果莢。（譯注：木蝴蝶種子是常見的中藥材，中藥店有賣，四物湯裡也常見到。未熟果在台灣的東南亞市場會販售，稱為天舌。）

老鴨煙筒花

Millingtonia hortensis

紫葳科／Bignoniaceae／（果莢）長35公分
原產於東南亞常綠喬木。樹枝末端長型花冠裂成五
裂並開出白色花朵，屬於廣泛栽植的香花植物。樹
皮的軟木質很發達，會結出30公分的細長扁平莢
果，裡面兩列帶有圓形薄翅的扁平種子，上下交疊
數層，乾燥裂果之後種子脫落隨風飄飛。

馬尼拉欖仁

Terminalia calamansanai

使君子科／Combretaceae／寬7公分
分布在東南亞的落葉大喬木。樹枝頂端奶油色
小花形成多枝穗狀花序。木質核果翅膀一左一
右向外伸展，從花梗脫落之後旋轉掉落。

特瑞爾青藤

Illigera thorelii

蓮葉桐科／Hernandiaceae／寬3公分
分布在東南亞一帶的藤蔓類植物。多花聚集
的白色單花約1公分，泰國會食用它的藤蔓
嫩葉及花苞。果實有四個稜，其中兩稜會變
大形成翅膀狀。日本石垣島、台灣跟菲律賓
都有分布的呂宋青藤是它的近親，現在被列
為1A瀕危物種。

毛訶梨勒（毛訶子）

Terminalia alata

使君子科／Combretaceae／高6.6公分
生長在印度到東南亞之間熱帶森林的落葉大喬木，樹
木高度可達30公尺。奶黃色小花的穗狀花序，稜角發
達的英果約有4到6個，有稜的翅果即使掉到地上也會
被風吹得滿地翻滾。（編按：目前學名 *Terminalia alata*
已經被視為 *Terminalia elliptica* 的同種異名。）

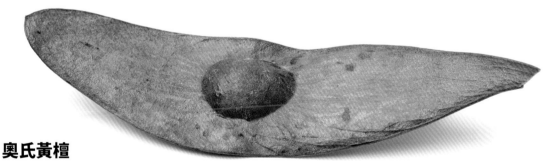

奧氏黃檀

Dalbergia oliveri

豆科／Fabaceae／寬9.9公分
原產於中南半島的森林，高度可達30公尺高的落葉大
喬木。成串的淡紫色花朵，豆莢中間有個豆子，讓果
莢兩端變成翼翅形狀，有時候也會出現2、3個豆子，
但豆子太多會讓果莢變形失去平衡，起不了飛行作
用。由於擁有漂亮的紅色心材而被大量砍伐，2013年
被IUCN列入物種瀕危的名單。

大果紫檀（緬甸花梨木）

Pterocarpus macrocarpus

豆科／Fabaceae／寬6公分

原產於東南亞，高度近20公尺的落葉大喬木。許多淡黃色蝶形花朵以穗狀排列，莢果構造與印度紫檀一樣，圓形豆莢中間有一個豆子，讓整個莢果像圓盤一樣滑翔，但其豆莢幾乎是印度紫檀的兩倍大。木材色澤偏紅，是製作高級家具的材料，除了樹徑比較大的野生樹木已經被砍伐殆盡，樹種生長地區也面臨農地開發的危機。

印度紫檀

Pterocarpus indicus

豆科／Fabaceae／寬3.7公分

原產於南亞、中國南部、東南亞至新幾內亞。高度30至40公尺，直徑可達2公尺的常綠／落葉大喬木。圓形豆莢中間有個豆子，讓整個豆莢可以像圓盤一樣滑翔。除了被大量砍伐作為高級家具的原料，在東南亞也常被當作行道樹，黃色穗狀聚集的蝶形花朵很有熱帶風情。

盾苞藤

Neuropeltis racemosa

旋花科／Convolvulaceae／寬3.5公分

原產於中國南部到東南亞之間。生長在森林邊緣的木質藤本植物。
五瓣的小白花開花後，花萼會長成葉片式果莢，中間有一顆小圓
豆，看起來很像日本和台灣會見到的小灌木青莢葉。乾季結束後，
這個大花萼會帶著種子乘風遠颺，生長在水邊的族群則會把這個花
萼當作小筏，順著水流往外擴展繁殖。

迴轉降落

楓屬或龍腦香科的植物會讓花萼或是果實發育形成果翅，
從上方迴轉落地，這樣可以減輕落地造成的衝擊，並且藉由旋轉擴大種子傳播範圍。
這一章要介紹具有迴旋降落特徵的種子。

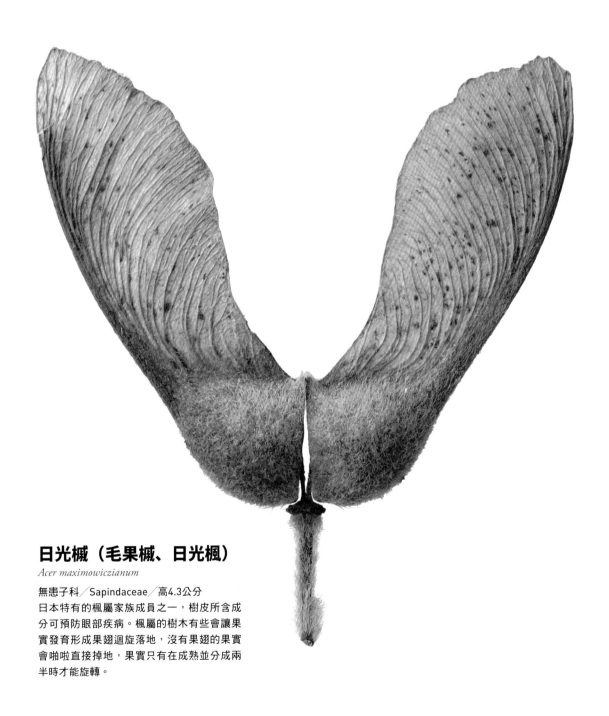

日光槭（毛果槭、日光楓）

Acer maximowiczianum

無患子科／Sapindaceae／高4.3公分
日本特有的楓屬家族成員之一，樹皮所含成
分可預防眼部疾病。楓屬的樹木有些會讓果
實發育形成果翅迴旋落地，沒有果翅的果實
會啪啦直接掉地，果實只有在成熟並分成兩
半時才能旋轉。

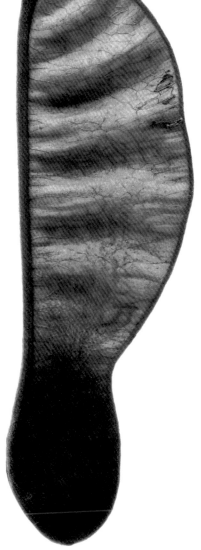

膠蟲樹（紫礦）

Butea monosperma

豆科／Fabaceae／高17.2公分

生長於印度到東南亞森林或莽原地帶
的落葉大喬木，乾季時，4公分左右
的鮮豔橘紅色花朵綴滿樹梢，非常美
麗。它在豆莢頂端有一枚豆狀種子，
讓紡錘形的豆莢形成翅膀的功能。

蟬翼藤

Securidaca inappendiculata

遠志科／Polygalaceae／高10公分

原產於中國南部到東南亞一帶的常綠木
質藤本。果實的一部分會發育形成果
翅，與膠蟲樹或是紅高戈不同的地方是
它的種子出現在豆莢的基部。

紅高戈（顯脈密花豆）

Spatholobus parviflorus

豆科／Fabaceae／高13.2公分

原產於中國南部到東南亞，大型木質藤本，
三出複葉綴滿1公分左右的白色蝶形花朵，
豆莢形狀與膠蟲樹相同，表面被覆褐色絨狀
細毛。

螺旋槳樹（旋翼果木）

Gyrocarpus americanus

蓮葉桐科／Hernandiaceae／寬10.4公分
泛熱帶分布的落葉大喬木。擁有似圓形的大葉子，在
落葉期間小白花以聚繖花序排列。果莢有一對長長的
果翅，很類似龍腦香。由於它的木材又白又輕，常被
用來當作防火材或雙體船的材料。

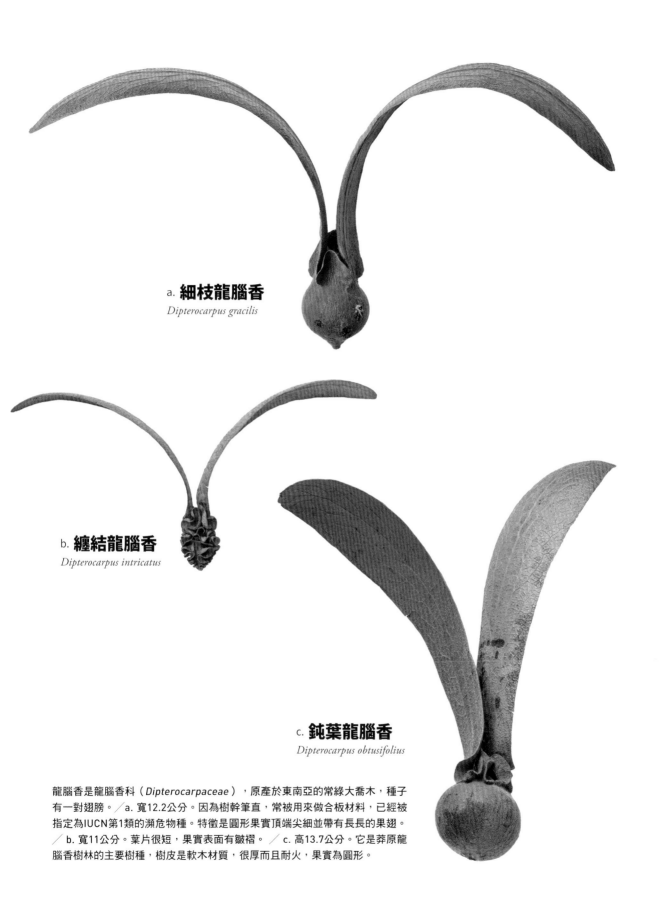

a. **細枝龍腦香**
Dipterocarpus gracilis

b. **纏結龍腦香**
Dipterocarpus intricatus

c. **鈍葉龍腦香**
Dipterocarpus obtusifolius

龍腦香是龍腦香科（*Dipterocarpaceae*），原產於東南亞的常綠大喬木，種子有一對翅膀。╱a. 寬12.2公分。因為樹幹筆直，常被用來做合板材料，已經被指定為IUCN第1類的瀕危物種。特徵是圓形果實頂端尖細並帶有長長的果翅。╱b. 寬11公分。葉片很短，果實表面有皺褶。╱c. 高13.7公分。它是莽原龍腦香樹林的主要樹種，樹皮是軟木材質，很厚而且耐火，果實為圓形。

高大龍腦香
（具翼龍腦香、油仔）

Dipterocarpus alatus

龍腦香科／Dipterocarpaceae／寬
15.2公分

樹高近40公尺的常綠大喬木。在木
材市場稱為阿匹棟（Apitong），常
被用來製作合板，也被指定為第1類
的瀕危物種。在泰國從清邁前往南
邦（Lampang），舊道路兩旁的百
年龍腦香行道樹遠近馳名。果實特
徵是五個發達的稜脊，下圖可以欣
賞它上半部果翅展開的樣子。

香坡壘樹
Hopea odorata

龍腦香科／Dipterocarpaceae／寬6.2公分
樹高可達45公尺的常綠大喬木。它也是因為製作
合板被大量採伐而瀕危，在木材市場被稱為梅拉萬
（Merawan）。它是泰國的南塔坤女樹神很喜歡棲
息居住的樹木，因此寺院廟宇大量種植。

肋脈桉納士香（中脈異翅香）
Anisoptera costata

龍腦香科／Dipterocarpaceae／高8.3公分
樹高可高達65公尺的常綠大喬木。在泰國西
部可以找到樹圍達24公尺的大樹，這種樹在
木材市場被稱為梅沙瓦（Mersawa），因受
到大量採伐製成合板，而被指定為第1類瀕危
物種。果實帶有細長的果翅。

小瘤龍腦香
Dipterocarpus tuberculatus

龍腦香科／Dipterocarpaceae／
高14.5公分
龍腦香科裡葉子最大，常被用來
覆蓋屋頂或是當作容器。特徵是
果實的上半部稍有突出的角。

a. **暹羅娑羅雙**
Shorea siamensis

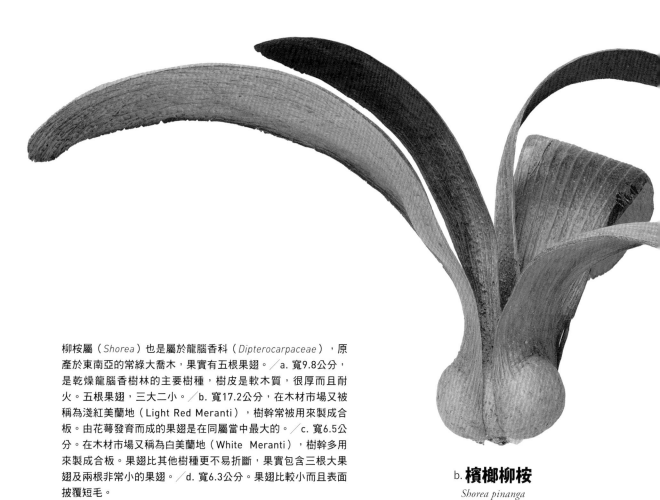

柳桉屬（*Shorea*）也是屬於龍腦香科（*Dipterocarpaceae*），原產於東南亞的常綠大喬木，果實有五根果翅。／a. 寬9.8公分，是乾燥龍腦香樹林的主要樹種，樹皮是軟木質，很厚而且耐火。五根果翅，三大二小。／b. 寬17.2公分，在木材市場又被稱為淺紅美蘭地（Light Red Meranti），樹幹常被用來製成合板。由花萼發育而成的果翅是在同屬當中最大的。／c. 寬6.5公分。在木材市場又稱為白美蘭地（White Meranti），樹幹多用來製成合板。果翅比其他樹種更不易折斷，果實包含三根大果翅及兩根非常小的果翅。／d. 寬6.3公分。果翅比較小而且表面披覆短毛。

b. **檳榔柳桉**
Shorea pinanga

c. **羅氏娑羅雙樹**
Shorea roxburghii

d. **盾葉柳桉**
Shorea obtusa

緬甸膠漆樹（緬甸翼果漆）

Gluta usitata

漆樹科／Anacardiaceae／寬8公分

原產於東南亞莽原地區的落葉大喬木。繖房花序的白色花
朵。開花後，五瓣花萼發育變大變紅並在它的頂端結出帶有
短柄的果實，簡直可以說是造形完美的直升機。東南亞當地
自古以來就收集它的樹液製作籃胎漆器，日本也曾在江戶時
代進口用來製作漆器。

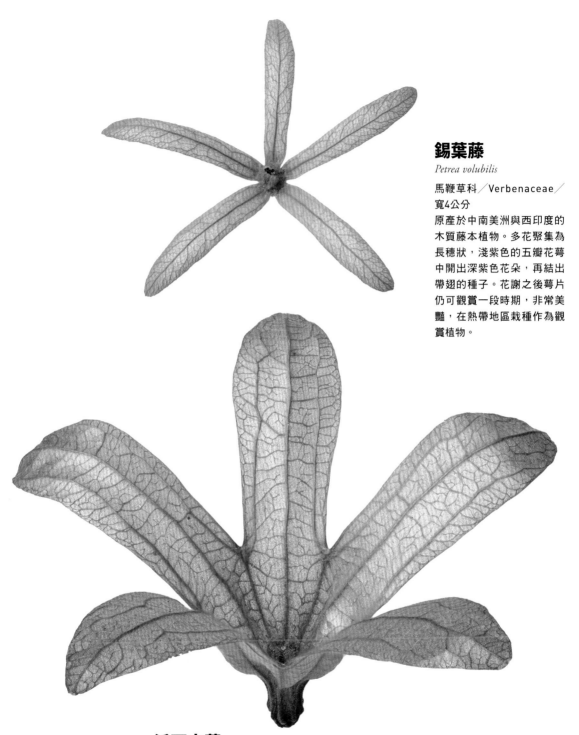

錫葉藤

Petrea volubilis

馬鞭草科／Verbenaceae／
寬4公分
原產於中南美洲與西印度的
木質藤本植物。多花聚集為
長穗狀，淺紫色的五瓣花萼
中開出深紫色花朵，再結出
帶翅的種子。花謝之後萼片
仍可觀賞一段時期，非常美
豔，在熱帶地區栽種作為觀
賞植物。

沃爾夫藤

Petraeovitex wolfei

脣形科／Lamiaceae／寬2公分
原產於馬來半島的常綠木質藤本植物。乳黃色花朵從黃色裝
飾葉下面長出來並向下綻放。容易種植，常用來作為吊掛盆
栽。開花之後，五瓣的花萼發育長大成為翅果。

蓼樹

Triplaris americana

蓼科／Polygonaceae／寬4.2
公分
原產於南美洲的常綠大喬
木。白色花朵在樹枝頂端成
串開放，花開之後長出三到
四片紅色美麗的花萼，在熱
帶地區經常可見。因為與螞
蟻共生，也被稱為螞蟻樹。

猿尾藤

Hiptage benghalensis

黃褥花科／Malpighiaceae／高5.4公分
原產於南亞、東南亞一帶，樹高約10公
尺的常綠性蔓藤矮木。白底帶鵝黃色的
特別花形在開花之後會發育形成三個革
質翼。

雲南黃杞

Engelhardia spicata

胡桃科／Juglandaceae／高3.6公分
原產於南亞、東南亞地區的常綠大喬
木。雖然是胡桃科但並不會結果，花萼
三裂發育長大變成果翅，成串垂掛。

大花飛蛾藤（大花三翅藤）

Tridynamia megalantha

旋花科／Convolvulaceae／寬6公分
原產於東南亞，生長於熱帶雨林邊緣常與其
他樹木纏繞在一起、長約20公尺的木質藤本
植物，3到4公分大小的白花形狀類似打碗
花，盛開後三個花萼發育長大成為果翅，外
觀跟龍腦香家族很類似，也是乘風飄散旋轉
掉落。

楔翅藤

Sphenodesme pentandra

脣形科／Lamiaceae／寬4公分
原產於東南亞的木質藤本植物。總苞往六個方向發育成
為果翅，並在中間開出幾朵醒目的紫色花朵。

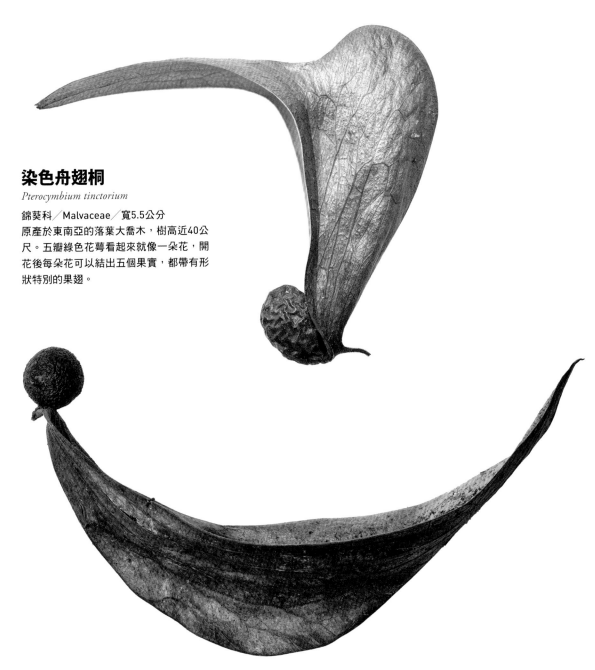

染色舟翅桐

Pterocymbium tinctorium

錦葵科／Malvaceae／寬5.5公分
原產於東南亞的落葉大喬木，樹高近40公
尺。五瓣綠色花萼看起來就像一朵花，開
花後每朵花可以結出五個果實，都帶有形
狀特別的果翅。

球果胖大海

Scaphium scaphigerum

錦葵科／Malvaceae／寬11.5公分
原產於東南亞，樹高達45公尺的落葉型大喬木。圓形果實在吸
收水分之後，會跟同屬但果實形狀是紡錘形的大柄船形木一樣
變成果凍狀，在東南亞是很受歡迎的飲料。（編按：大柄船形
木即大家平常熟悉的胖大海，也就是常喝的澎大海。）

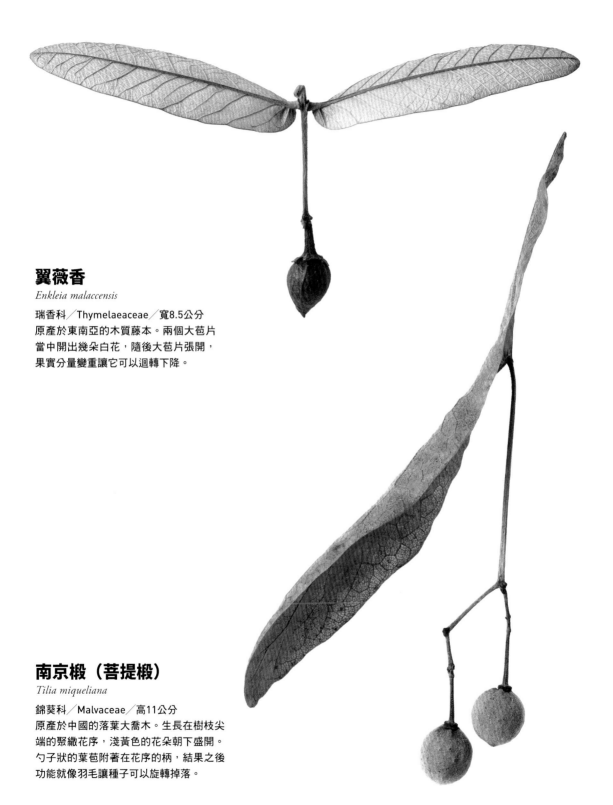

翼薇香

Enkleia malaccensis

瑞香科／Thymelaeaceae／寬8.5公分
原產於東南亞的木質藤本。兩個大苞片
當中開出幾朵白花，隨後大苞片張開，
果實分量變重讓它可以迴轉下降。

南京椴（菩提椴）

Tilia miqueliana

錦葵科／Malvaceae／高11公分
原產於中國的落葉大喬木。生長在樹枝尖
端的聚繖花序，淺黃色的花朵朝下盛開。
勺子狀的葉苞附著在花序的柄，結果之後
功能就像羽毛讓種子可以旋轉掉落。

攀住動物大移動

在植物世界，有一些物種發展出鉤爪或是黏住東西的棘刺，
透過這些工具攀住動物並將種子運送到遠離母株所在的地方。
在這個章節，我們將主題放在鉤爪。

魔鬼爪

Harpagophytum procumbens

胡麻科／Pedaliaceae／（上）寬5.3公分
（右）寬7公分（下）寬10公分
原產於非洲南部的多年生草本植物。花朵
是粉紅色，種子有尖銳的鉤爪抓住動物散
播種子。鉤爪看起來好像很堅硬，但其實
滿柔軟的，跟同屬胡麻科的黃花豔桐不
同，它沒有針狀倒鉤，因此徒手接觸也沒
有那麼危險。據說有獅子因為嘴巴被這種
果實卡住，最後因為無法進食而死。它的
塊莖被傳統醫療當作瀉藥和退燒藥，所以
也有人工栽培。

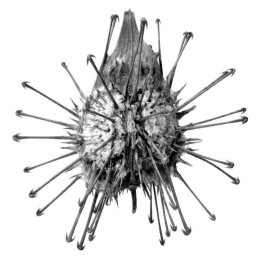

a. 黃花胡麻
Uncarina grandidieri

b. 粉花豔桐草
Uncarina stellulifera

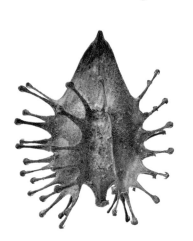

c. 無中文譯名
Uncarina peltata

d. 無中文譯名
Uncarina leptocarpa

e. 無中文譯名
Uncarina leandrii

f. 黃花豔桐草
Uncarina decaryi

g. 黃花瓶幹胡麻
Uncarina roeoesliana

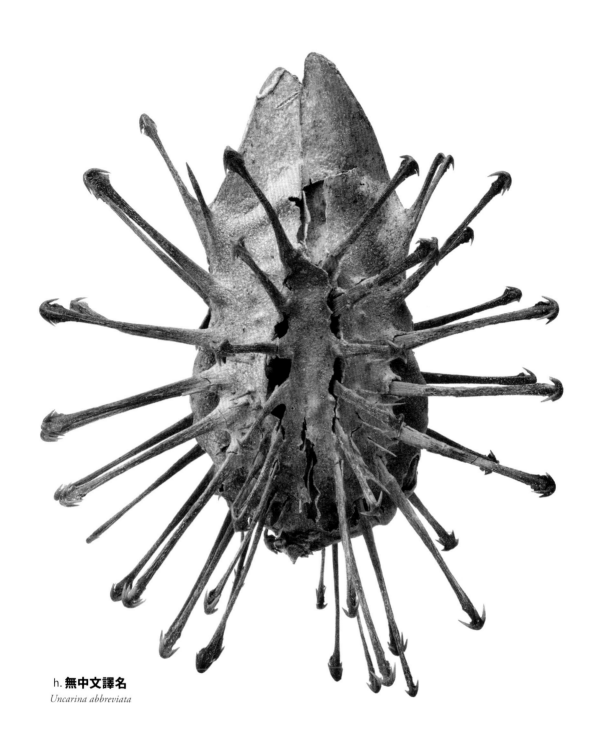

h. 無中文譯名
Uncarina abbreviata

鉤刺麻屬，又常稱為豔桐草屬或音譯為安卡麗娜，是馬達加斯加特有的胡麻科植物，共有14種。把它的葉子浸泡在水中，會變成黏稠的液體，當地人都用它來洗頭，因此也被稱為洗髮樹。每個種類都有特定的媒介昆蟲，種子都長滿棘刺，而且在尖端長出像船錨一樣的尖利鉤爪，藉由勾住路過動物的方式將種子傳播到其他地方。所有種類都是叢集的喇叭狀花朵，大部分的花都有五個裂瓣。

a. 高5.5公分，花為黃色但花筒底部是深紫色。／ b. 高5.5公分，花朵為粉紅帶紅色條紋。／ c. 高4.7公分，花為黃色，花筒底部為深紫色。／ d. 高4公分，安卡麗娜家族裡唯一開白花。／ e. 高4.3公分，花朵與a和c相同，種子脊背相連形成板狀。／ f. 高5.3公分，花朵與a和c相同。／ g. 高5公分，黃色花但花筒底部是白色。／ h. 高8公分，粉紅色的花，花筒底部為白色。

a. **黃花單角胡麻
（黃花惡魔之爪）**
Ibicella lutea

b. **紅魔爪**
Proboscidea parviflora ssp. *parviflora*

a、b、c三種都是角胡麻科（*Martyniaceae*），原產於美國西南部和南美洲的一年生草本植物。／a. 寬16公分，由於整株植物被腺毛覆蓋而且有黏性，可以困住昆蟲，不過植物本身沒有消化酵素。果實與惡魔之爪（*Proboscidea parviflora*）很類似，但顏色是黑的而且表面布滿尖刺。／b. 高15公分，果實比惡魔之爪還大，特徵是尖端有四個叉裂。／c. 寬15公分，幼果有一根鉤爪，所以被稱為「植物獨角獸」（unicorn plants），當它成熟後褪去果皮，果實會分裂為二變成二枝鉤爪。有人認為它是藉由曾經存在於北美大陸的大型草食動物來散播種子，除了嫩果可以食用，美洲原住民也會用它的莖幹提取纖維編織籃子。

C. **惡魔之爪**
Proboscidea parviflora

義大利蒼耳
Xanthium italicum

菊科／Asteraceae／高2.9公分
原產於地中海沿岸的一年生草本植
物。果實有密密麻麻的短刺鉤爪，
藉由黏在動物毛髮和人體衣服進行
擴散。據說它的鉤爪構造是發明魔
鬼氈的靈感來源。

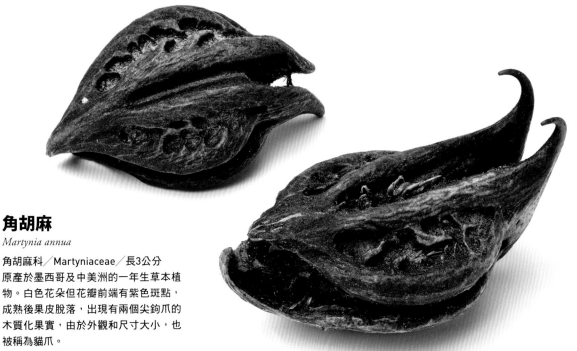

角胡麻
Martynia annua

角胡麻科／Martyniaceae／長3公分
原產於墨西哥及中美洲的一年生草本植
物。白色花朵但花瓣前端有紫色斑點，
成熟後果皮脫落，出現有兩個尖鉤爪的
木質化果實，由於外觀和尺寸大小，也
被稱為貓爪。

惡魔之棘

Dicerocaryum eriocarpum

胡麻科／Pedaliaceae／寬2.8公分

原產於非洲的多年生草本植物，匍匐在地上並開出粉紅色花朵。
木質化的果實有兩枝尖角，因為外形被稱為惡魔之棘，通常是卡
在動物的蹄來進行移動，不過由於它經常生長在馬路旁，所以也
可以像圖釘一樣刺進鞋底或是輪胎而被攜帶到遠方。

跟著河川和海洋漂流

沿著河流或是海岸生長的某些樹木果實的果肉布滿纖維、軟木組織或是油脂，
因為擁有氣室和浮力，可以透過河川或海流漂到很遠的地方。

銀葉樹

Heritiera littoralis

錦葵科／Malvaceae／寬6.3公分
原產於東非至西太平洋諸島。生長在海邊或
是紅樹林裡的樹木，日本西表島最有名景點
就是板根巨大的銀葉樹林。堅硬的木質化果
實裡面是纖維質，讓它可以在海面上漂浮移
動。果實中間有個逗趣的龍骨狀突起，漂流
時或許可以當作船帆也說不定呢！

欖仁樹

Terminalia catappa

使君子科／Combretaceae／寬4.7公分
原產於馬達加斯加至西太平洋諸島的半常綠型大喬
木。種子因為包覆軟木質外殼而具有浮力，經常乘
著海流到處漂動。大都生長於濱海地區，在日本多
數分布在小笠原群島、沖繩的海岸。果實裡面的種
子含有油脂，味道類似杏仁，所以也被拿來食用，
在日本又稱它為海杏仁。

白花海檬果（南洋海檬果）

Cerbera odollam

夾竹桃科／Apocynaceae／寬7.5公分

原產於印度及東南亞的常綠喬木。花為白色五瓣，果實和同屬的海檬果一樣具有毒性，長出很有分量感的圓形大果，果實內部的纖維讓它可以漂浮在水面，東南亞河流經常可以看到它的身影，偶爾也會漂到日本的海岸。果實外皮有網紋，內含一粒種子，除了發芽的果實以海檬果之名當作觀葉植物販售，果實也常被拿來做室內裝飾。（編按：台灣沒有自生，但是花市有時候會販售其種子供蒐藏，果實比台灣常見的海檬果要大上一倍。）

棋盤腳（濱玉蕊）

Barringtonia asiatica

玉蕊科／Lecythidaceae／高13公分
原產於東非至西太平洋諸島。花朵很
像白色的大抹茶刷，夜間開花，果
實有四到五個發達的稜脊，形狀像是
棋盤的腳，內含一粒大種子，四周包
圍著輕巧的軟木質讓它產生浮力。樹
皮和果實有毒性，在棋盤腳生長的地
區，有些人會用它來毒魚和捕魚。

穗花棋盤腳
（水茄苳、玉蕊）

Barringtonia racemosa

玉蕊科／Lecythidaceae／高4.6公分
分布在東非至西太平洋諸島，有時也
會漂流到日本本州各地海岸。花序
往下排列呈下垂狀，花朵比棋盤腳略
小，但果實構造、漂流方法和毒性都
很類似。

皇家棕（袖苞椰子）

Manicaria saccifera

棕櫚科／Arecaceae／（右）寬7.5公分

原產於中南美洲的單莖椰子樹，樹高約10公尺，生長在沿海濕地，長達8公尺的椰子葉在中南美洲常用來堆砌屋頂，而且樹的其他部分也可以作為藥物。果實表面有細小的突起凹凸不平，裡面有1到3粒高爾夫球大小的種子，種子數量讓果實外觀有很大的差異。果實具有浮水性偶爾會漂到岸邊，在北美洲被稱為海椰子。

木果楝

Xylocarpus granatum

楝科／Meliaceae／寬10.5公分

分布在非洲東部、東南亞、澳洲的常綠喬木。一般生長在紅樹林的沙質泥土區，花朵只有幾公分，雖然很不起眼但果實可以長到壘球那麼大，成熟之後表面出現十字紋的龜裂而後脫皮，裡面是十來個種子組成的圓球，簡直就像是天然的3D立體木製拼圖。種子表面有淺棕和深棕色的斑點，軟木質讓它可以在海中漂浮，經常在日本海岸線被發現。

紅刺露兜樹（紅刺林投）

Pandanus utilis

露兜樹科／Pandanaceae／（果實）寬18公分
馬斯克林群島原產的常綠喬木。主幹基部有許
多支柱根，樣子很像八爪章魚，它的樹幹分枝
數量少，熱帶地方喜歡種來當作觀賞植物。由
於是雌雄異株，雌株會結出類似鳳梨的聚花
果，果實的前端開口比林投樹更閉合。

林投樹（露兜樹）

Pandanus odoratissimus

露兜樹科／Pandanaceae／（果實）寬16.5公分

原產於南亞、東南亞、波里尼西亞的常綠矮木。很容易長出分枝，並從整株樹幹長出支持根向外擴展，它與紅刺露兜樹一樣都是雌雄異株，雌株結出鳳梨形狀的聚花果，成熟時顏色變橘紅接著分離為碎片。果實內部都是纖維，可以漂浮在水上，大多生在沿海地區，散落的果實被海浪捲走隨著洋流到處漂流。

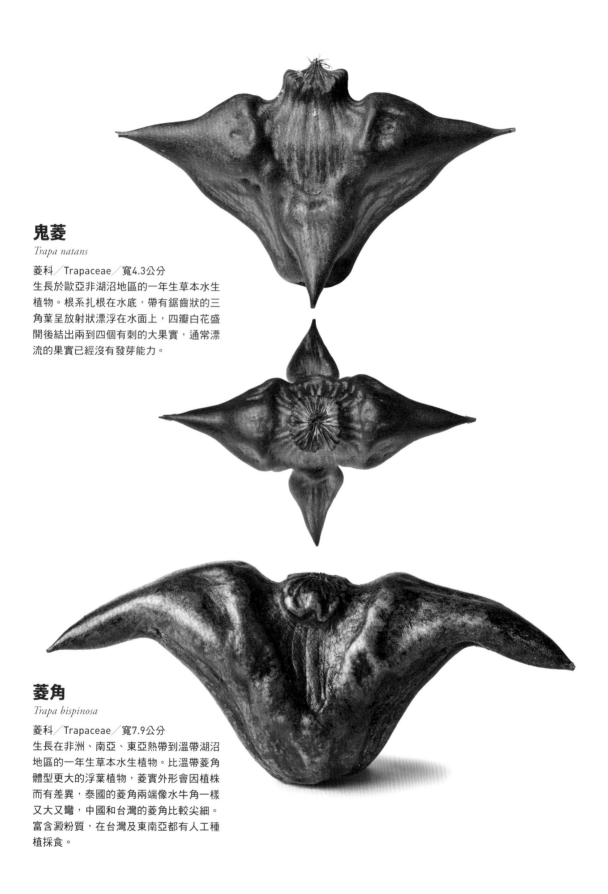

鬼菱
Trapa natans

菱科／Trapaceae／寬4.3公分
生長於歐亞非湖沼地區的一年生草本水生
植物。根系扎根在水底，帶有鋸齒狀的三
角葉呈放射狀漂浮在水面上，四瓣白花盛
開後結出兩到四個有刺的大果實，通常漂
流的果實已經沒有發芽能力。

菱角
Trapa bispinosa

菱科／Trapaceae／寬7.9公分
生長在非洲、南亞、東亞熱帶到溫帶湖沼
地區的一年生草本水生植物。比溫帶菱角
體型更大的浮葉植物，菱實外形會因植株
而有差異，泰國的菱角兩端像水牛角一樣
又大又彎，中國和台灣的菱角比較尖細。
富含澱粉質，在台灣及東南亞都有人工種
植採食。

水椰子

Nypa fruticans

棕櫚科／Arecaceae／高11.4公分

原產於東南亞的無莖幹常綠椰子樹，從地面長出的葉子可長達6公尺。果實約排球大小，成熟之後會分裂，內部塞滿纖維質，可以漂浮並透過河川及海流散布。大部分群生於河岸低濕地帶，日本的西表島是它生長的最北極限。嫩果的胚乳是甜點材料（編按：俗稱雅答子，摩摩喳喳裡面都會加，可參考《舌尖上的東協》一書），葉子被用來當作甜點的容器或是修葺屋頂。

a.

b.

c.

d

e

f

h

b. 綠玉藤屬（碧玉藤屬）

Strongylodon sp.

c. 威氏迪奧豆

Dioclea wilsonii

g. 牛皮豆

Gigasiphon humblotianum

都是豆科植物。／b. 長2公分，原產於馬達加斯加、葛摩與留尼旺，豆莢有三到五個球狀豆子，豆子腰間圍著一圈種臍。／c. 長3公分，原產於中南美洲，圓形豆子約有三分之二被臍圍繞，無臍的部分帶有直線條紋。與它種緣相近的豆子也會漂到日本沿海。／g. 長3.8公分，馬達加斯加原產的淡灰褐色豆子，有兩條褐色的種臍，外形特別。

h. 瑪麗豆

Merremia discoidesperma

旋花科／Convolvulaceae／長2.5公分

中美洲原產的藤本植物。直徑可達2公分的種子是旋花科裡面最大的，豆子表面有十字形的凹槽，以聖母之名而被取名為瑪麗豆。從馬紹爾群島到挪威的海岸長達24000公里（幾乎是地球半周）都可以找到這種豆子漂流著岸被發現的紀錄。自古以來一直是幸運的象徵，在北美南部也經常發現它的蹤跡，是海灘拾荒者最垂涎的寶物。（編按：台灣東海岸也曾發現瑪麗豆。）

e

g

a. d. e. f. **漢堡豆**

豆科，是血藤屬植物（*Mucuna spp.*）的豆子，從側面看起來很類似漢堡的形狀，因此在日本被稱為漢堡豆。它們大多中空並具有浮力，隨著洋流漂移。 ／ a. 牛目油麻藤（*M. urens*）長2.8公分，原產於中南美洲。帶有黑色斑點的紅棕色，在日本又稱為紅色漢堡豆。 ／ d. 大果油麻藤（血藤，*M. macrocarpa*）長3公分，原產於中南半島、華南、台灣、琉球，豆莢長約30公分。 ／ e. 間序油麻藤（*M. macrocarpa*）（豆）長3公分，分布在中國南部到中南半島。 如右上方照片所示，該屬豆莢有波浪皺褶，大部分都有毛刺覆蓋。 ／ f. 縮軸油麻藤（*M. sloanei*）長2.4公分，原產於中美洲，特徵是豆子有粗線黑帶，外形最像漢堡。

漂流系的龍腦香

雖然都是花萼發達、果實形狀很像日本傳統遊戲毽子板的拍子，
而且可以迴旋降落的龍腦香科，
但有一些樹種是沿著東南亞平地河流生長並利用水流進行繁殖播種，
它們通常沒有果翅或者是果翅非常短，不過果實比較大而且有滿多種子裡面儲滿油脂。
由於它們的種子沒有防水功能，所以漂流距離並不是很長。

菲拉斯特青梅
（霍道生青梅）

Vatica philastreana

龍腦香科／Dipterocarpaceae／高3.8公分
同科的其他植物果實大都呈稍微細長的橢
圓形，只有它是圓球形。

疏花青梅

Vatica pauciflora

龍腦香科／Dipterocarpaceae／高3.2公分
五枚果翅形狀彷彿是短瓣的花朵。

拉薩克青梅

Vatica rassak

龍腦香科／Dipterocarpaceae／高8.5公分
是青梅屬（*Vatica*）當中果實最大的。

哈氏青梅

Vatica havilandii

龍腦香科／Dipterocarpaceae／
（上）高2.2公分、（下）高1.5公分
花萼發達像爪子一樣包覆果實。

彈跳高飛

某些樹木果實具有彈跳傳播種子的能力，
當果實因為乾燥、扭曲而達到極限時會讓種子彈出果莢，
這種擴散方式經常出現在大戟科或豆科植物當中。

沙盒樹

Hura crepitans

大戟科／Euphorbiaceae／（果實）
寬7.6公分

原產於中南美洲的高大喬木。樹幹密
生針刺，葉子為心形，雄花序和雌花
序分別開花（雌雄異花），果實狀如
南瓜，共有10到15個左右的種子分別
住在自己的隔間。當果實成熟、也夠
乾燥時種子會爆裂彈出，以70公尺的
秒速往周圍數十公尺的地方飛散，因
此也被稱為炸彈樹。

巴西橡膠樹

Hevea brasiliensis

大戟科／Euphorbiaceae／（果實）寬6公分

南美原產的高大喬木。樹幹可採集天然橡膠，可當作工業原料而在東南亞被大量栽種。果實有3到5個隔間，乾季時外殼會發出啪啪的爆裂聲並快速將種子彈出，卵圓形的種子很像鵪鶉蛋。

利用乾燥空氣或
野火燃燒來傳播

生長在容易因乾旱與雷擊引發野火的環境中的一些植物，驚人地進化成把野火作為繁殖的契機，
澳洲有特別多這種植物，班克木和哈克木就是其中的典型代表。

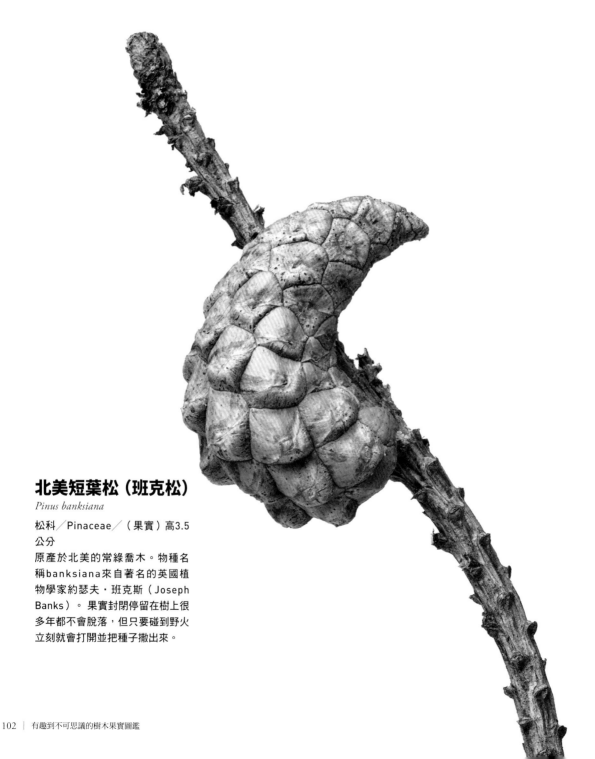

北美短葉松（班克松）

Pinus banksiana

松科／Pinaceae／（果實）高3.5
公分

原產於北美的常綠喬木。物種名
稱banksiana來自著名的英國植
物學家約瑟夫・班克斯（Joseph
Banks）。 果實封閉停留在樹上很
多年都不會脫落，但只要碰到野火
立刻就會打開並把種子撒出來。

木梨

Xylomelum angustifolium

山龍眼科／Proteaceae／（果實）寬6.5公分

澳洲西部特有的常綠小喬木。白色穗狀花序，果實為木質化的梨形，所以被稱為木梨。在極度乾燥或森林大火之後分裂成兩半，釋放出二枚帶有果翅的種子從空中迴旋落地。

西木梨

Xylomelum occidentale

山龍眼科／Proteaceae／寬8.8公分

澳洲西部的特有種。它的葉子比同科的木梨寬一點，果實也比較大。

板球哈克木
Hakea platysperma

山龍眼科／Proteaceae／（果實）寬5公分
原產於澳洲西南部乾燥地帶的常綠小喬木，所結
的果實是哈克木屬族群中最大顆。花朵看起來不
起眼但因果實有欣賞價值而被栽種。極度乾燥和
森林大火高溫可讓果實打開並釋出種子，在其他
植物難以存活的環境中適應良好。可以承受高溫
的果殼內部，有兩枚帶著果翅的種子。

柔滑哈克木

Hakea sericea

山龍眼科／Proteaceae／（果實）長3.4公分
原產於澳洲東南部的常綠灌木。白色短刷狀的穗
狀花序，果實表面有疣狀突起，共有二枚帶著單
翅的明亮紅棕色種子。

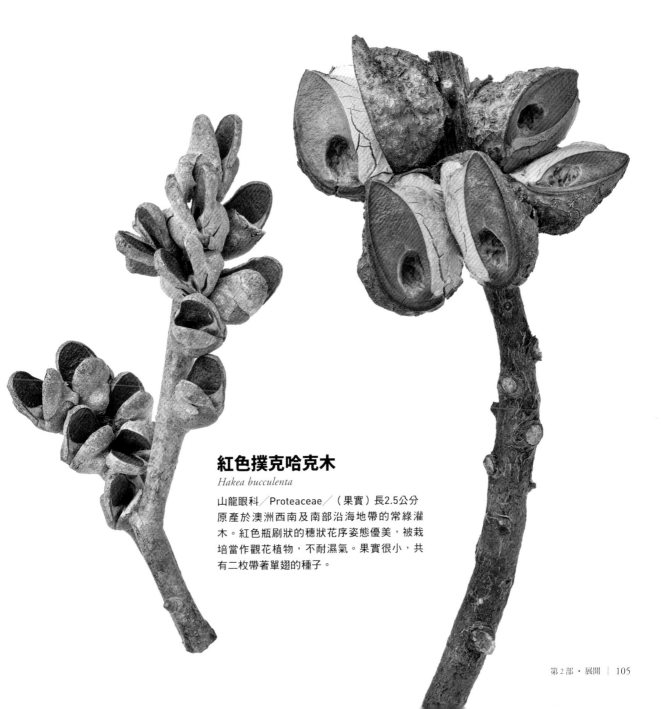

紅色撲克哈克木

Hakea bucculenta

山龍眼科／Proteaceae／（果實）長2.5公分
原產於澳洲西南及南部沿海地帶的常綠灌
木。紅色瓶刷狀的穗狀花序姿態優美，被栽
培當作觀花植物，不耐濕氣。果實很小，共
有二枚帶著單翅的種子。

鋸葉班克木

Banksia grandis

山龍眼科／Proteaceae／高23公分

原產於澳洲西南部。樹高近10公尺的灌木，細長葉子的背面是白色的，葉緣為粗鋸齒狀。圓柱形花序直徑為10公分，長度可以達40公分，雄蕊為奶黃色，果托尺寸是班克木裡面最大的。乾燥或是森林大火時果實會釋出帶果翅的種子，澳洲原住民用它的鮮花調製飲料，果托當作引火材料，比較大的果托則用來製作工藝品。

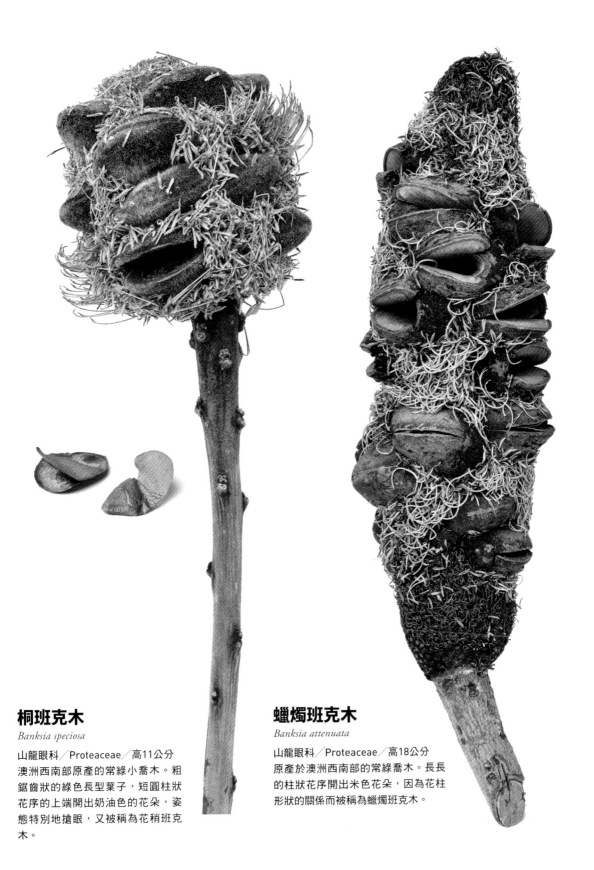

桐班克木

Banksia speciosa

山龍眼科／Proteaceae／高11公分

澳洲西南部原產的常綠小喬木。粗鋸齒狀的綠色長型葉子，短圓柱狀花序的上端開出奶油色的花朵，姿態特別地搶眼，又被稱為花稍班克木。

蠟燭班克木

Banksia attenuata

山龍眼科／Proteaceae／高18公分

原產於澳洲西南部的常綠喬木。長長的柱狀花序開出米色花朵，因為花柱形狀的關係而被稱為蠟燭班克木。

鳥巢班克木

Banksia baxteri

山龍眼科／Proteaceae／寬7公分
原產於澳洲西南部的常綠灌木。特徵
是粗鋸齒狀的葉子，花朵為奶黃色，
因為外形而被稱為鳥巢班克木。

變葉班克木

Banksia integrifolia

山龍眼科／Proteaceae／高8.5公分
原產於澳洲東部的常綠喬木。葉子背
面是白色的，短柱形狀花序為米黃
色，是班克木家族當中生長和分布區
域最廣的品種，在澳洲東部海岸地區
被發現，也被稱為海岸班克木。

玫瑰班克木
Banksia laricina

山龍眼科／Proteaceae／高7公分
原產於澳洲西南部的常綠灌木，花
為黃色。結果之後果實層層堆疊在
果托上面，形狀很像玫瑰花而被稱
為玫瑰班克木。

螺旋槳班克木
Banksia candolleana

山龍眼科／Proteaceae／寬9公分
原產於澳洲西部的常綠灌木，花為乳
黃色。果實變大之後堆疊在果托上，
看起來很像是螺旋槳而被稱為螺旋槳
班克木。

細長葉班克木
Banksia leptophylla

山龍眼科／Proteaceae／高7公分
原產於澳洲西部的常綠灌木，花為乳
白色，球狀果托有許多小果實。

沼澤班克木
Banksia littoralis

山龍眼科／Proteaceae／高20公分
原產於澳洲西南部的常綠喬木。又
粗又長的圓柱形花序開出黃色花
朵。大部分生長在河流沿岸的濕
地，所以被叫做沼澤班克木。

柴火班克木
Banksia menziesii

山龍眼科／Proteaceae／高12公分
原產於澳洲西部的常綠小喬木。班克木家
族當中花色變化最多，而且種子顏色也因
花朵顏色各不相同。果托表面有美麗的網
紋，成熟之後馬上掉落的果實非常易燃，
被稱為柴火班克木。

鋸緣青蟹班克木

Banksia serrata

山龍眼科／Proteaceae
／（左）高20公分（右）高19.5公分
原產於澳洲東南部的常綠喬木。細鋸
齒葉緣，圓柱狀花序會開出乳白色花
朵，它是發現班克木的約瑟夫·班克
斯（Joseph Banks）在1770年最初所
發現的4種班克木之一。

為何會形成奇特的形狀——趨同演化及輻射適應

正如第二部所介紹的，樹木果實用各種方法傳播種子，讓人不禁為它的巧妙及獨創性感到驚豔，植物在演化過程中到底發生什麼事才得到如此多樣的傳播方法呢？讓我們先從風力傳播方法開始，木蝴蝶或是火焰木這類紫葳科植物，雖然種子大小不同，但結構都是以種子為中心，再從左右兩側長出扁圓形的果翅。有人認為紫葳科的遠系早就具有這類的形質特徵，只是之後在不同地區進行多樣性繁衍而已。縱觀全世界的樹木果實，會發現像日本大百合之類的大多數百合科植物、翅葫蘆之類的瓜科、馬兜鈴科的某些家族成員或是部分夾竹桃科紫蟬花的物種都可以看到類似的結構。另外，像使君子科的馬尼拉欖仁、或是豆科的印度紫檀和大果紫檀等，它們會把部分或全部的果皮演化為類似果翅的構造，讓它變成重要器官。旋花科的盾苞藤更特別，開花之後花及花萼持續長大最後變成翅膀形狀。另外細到像灰塵，被稱為世界上最小的附生蘭花種子，透過顯微鏡觀察也有同樣的構造。當我們將這些樣本透過DNA用系統分析，並和APG分類的分子系統發生學進行比較，會發現不管是舊分類系統的馬兜鈴科、蓮葉桐科、薯蕷科、百合科或是新系統的豆科或紫葳科，都發生過多次為了要飛翔而準備的演化，像這種親緣關係很遠但卻具有類似外觀或器官的現象稱為趨同演化（convergent evolution）。這裡使用命名方式大家比較熟悉的動物來舉例說明，海中巡遊的鯊魚是軟骨魚類、海豚是

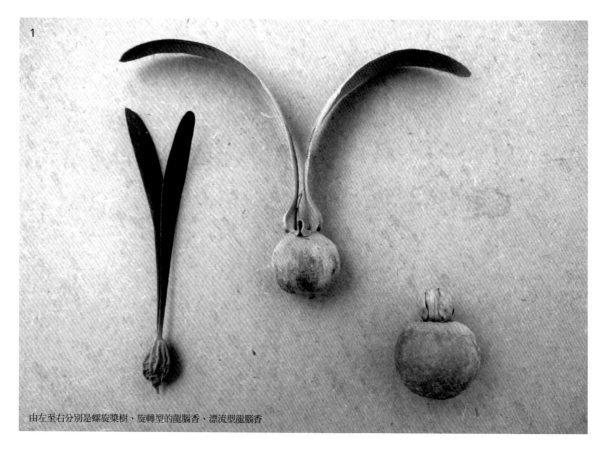

由左至右分別是螺旋槳樹、旋轉型的龍腦香、漂流型龍腦香

哺乳類，但它們都有流線型的外觀；同樣帶有多刺背毛的刺蝟是刺蝟科，針鼴則是針鼴科；全身都是盔甲碰到敵人會縮成圓球的犰狳是犰狳科，同樣也會縮成球狀的穿山甲卻是穿山甲科等等都是趨同演化的典型例子。

再來看使用其他傳播方法的植物，也會發現它們都發生過不同的趨同演化，例如無患子科的楓樹把種子放在一端讓它變成果實的重心，並在另一端形成發達的果翅結構，在許多松科、山龍眼科的班克木及哈克木、楝科的大葉桃花心木、瓜科的穿山龍屬的種子或其他豆科植物像是膠蟲樹、紅高戈的果莢或是遠志科蟬翼藤屬的果莢等等，物種都有類似的構造。

龍腦香科植物的特徵是果翅，但它跟蓮葉桐科的螺旋槳樹長得很像（參見112頁圖1）。漆科的連加斯木、馬鞭草科錫葉藤（藍花藤）、脣形科的沃爾夫藤、楔翅藤屬、鉤枝藤科鉤枝藤屬、旋花科的大花飛蛾藤、蓼科的蓼樹、胡桃科下的黃杞屬等等都可以看到造形很像是哆啦A夢裡面的竹蜻蜓。所以也可以推斷不論是舊系統或是新系統分類，在科別非常分歧的情況下許多物種都進行過多次類似的演化。

接下來我們稍稍改變觀點，鎖定特定科別追溯它的演化過程。第一部是以傳播方法相近的植物分類學來介紹松柏、殼斗及棕櫚科植物，但是在另一方面卻也能夠找到在分類學上關係密切，散播方式卻大不相同的例子。譬如說種子是旋轉型植物典型代表的龍腦香科，卻有 *Vatica philastreana* 這種完全不帶翅膀的漂流型（參見112頁圖1右側）。錦葵科的爪哇銀葉卻結出像楓樹一樣單翅的旋轉型果實，或同樣是錦葵科但果翅卻很短的銀葉樹，它那鹹蛋超人頭型般的果實卻是漂流型，這兩種的外形和散播種子方式差很多，但都是銀葉樹屬的植物。（參見113頁圖2）

另外跟之前提過的旋轉組成員緬甸膠

銀葉樹（上）爪哇銀葉（下）

漆樹同屬，擁有發達軟木質果實的絨毛膠漆樹卻是漂流組成員，它們都是在東南亞熱帶雨林裡很普遍的植物。像這些生長在同一地區，卻因為各自生態地位而進行物種分化的現象就叫做輻射適應。舉例來說，在台地、丘陵地形或平地的乾燥森林以飛翔來進行播種的植物，它們會遷移到最前線完全沒有競爭對手的低地河邊紅樹林地區。勇於挑戰的結果造就出龍腦香科中的青梅屬、錦葵科中的銀葉樹及漆樹科中的絨毛膠漆樹，把它們的果實趨同演化成為很類似而且具有浮力的外形，分別從系統完全不同的科別各自進化成為漂流型。

旋花科植物更是自由變化，除了前面提到滑翔組的盾苞藤、旋轉組的大花飛蛾藤、飛蛾藤之外，還有其他幾種牽牛花屬的植物也是利用長毛飛行的滑翔組，或是為了引誘小鳥來啄食而長出鮮紅果皮跟甘甜果肉的朝顏屬植物，它們都各自想辦法來繁衍後代。植物一旦下種發芽生根就不能像動物一樣自由移動，但是我們可以從果實形狀和生存環境看到它們為了繁衍後代把種子送到新天地，而在漫長的進化歷史當中不斷地進行挑戰。

形塑

　　這本書是以視覺為主的圖鑑，所介紹的樹木果實通常是優先考慮到有趣的外形而不是收集的完整性或稀有性。第1部介紹在分類學上相似的物種，第2部雖然整合了植物的繁衍方法，但是不論是哪一種，它們特殊外形應該都會讓人有「哇！怎麼會長成這樣！」的驚豔感。第3部的內容，是本來就以外觀為選擇條件當中，又更加精挑細選出來的精品。我們分出各種主題，從果實表面質地為鱗片和棘刺、具有立體感的球形和紡錘形、類似一朵花或是容器，或者外觀很類似某種東西等等。其實任何果實都是獨一無二的，有滿多很難分類但我們又不想刪掉的品項，因此當初在訂立章節時絞盡腦汁。如同你所看到的，在〈伸展棘刺〉這章，光是刺的形狀就有很多種，有像大釘子一樣的三角錐，有布滿細針般的尖刺，有的刺細到恍如絨毛。而在〈開花〉這個章節，既有像膠蘋婆或八角茴香這種花瓣完全打開，也選了花蕾只是微微張開的翅子樹。

　　挑選東西其實是非常個人觀點，所以過程中編輯團隊意見分歧，也發生過最初的印象隨著照片取景角度而改變的情況，再加上我們認為果實圖片若未經過整理分類，看了也不會留下深刻印象，但全部都按照分類法來組成章節，又覺得很乏味，因此最後我們決定加入其他植物圖鑑沒有的章節，試著用它來彰顯果實多樣化的魅力，希望你會喜歡我們這樣的編排與嘗試。

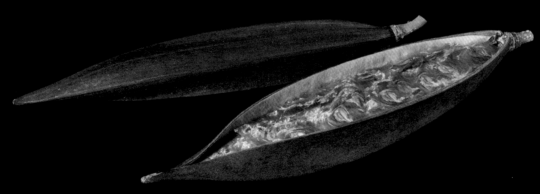

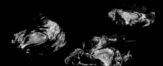

火焰木

Spathodea campanulate

紫葳科／Bignoniaceae／（果莢）長23公分

原產於熱帶非洲的常綠喬木。世界上三大開花美樹之一，鮮豔的橘色花朵在樹枝頂盛開，非常美麗。開花之後會結出約20公分左右的果莢，乾燥後垂直裂開，帶有果翅的扁圓形種子四處飛散，果翅薄而透明。

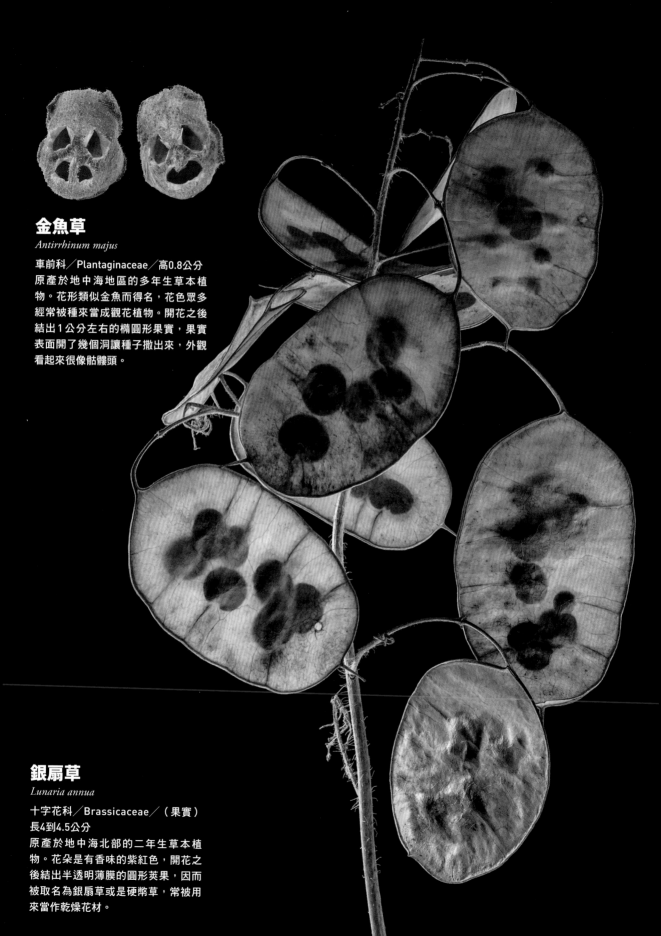

金魚草
Antirrhinum majus

車前科／Plantaginaceae／高0.8公分
原產於地中海地區的多年生草本植物。花形類似金魚而得名，花色眾多經常被種來當成觀花植物。開花之後結出1公分左右的橢圓形果實，果實表面開了幾個洞讓種子撒出來，外觀看起來很像骷髏頭。

銀扇草
Lunaria annua

十字花科／Brassicaceae／（果實）
長4到4.5公分
原產於地中海北部的二年生草本植物。花朵是有香味的紫紅色，開花之後結出半透明薄膜的圓形莢果，因而被取名為銀扇草或是硬幣草，常被用來當作乾燥花材。

身穿鱗片裝

外觀看起來像棕櫚科家族，但果實包覆鱗狀果皮，
乍看之下像爬蟲類的皮膚，為何會有這種外觀和結構，仍是未解之謎。

a. 柳條省藤
Calamus viminalis

b. 省藤 B
Calamus sp.

a.（果實）長2.2公分。／ b.（果實）長0.9公分。／ c.（果實）長1.8公分

省藤是原產於東南亞的棕櫚科植物，也是17個屬共約600種植物的總稱，它們大多數是蔓藤狀，莖和葉柄上有許多尖刺。（編按：新的分類系統已將好幾個屬都合併成省藤屬；省藤屬目前大概400種，分布在整個非洲、南亞、東南亞到大洋洲。）葉子尖端像鞭子一樣伸出來勾住其他植物往上攀爬生長。在馬來西亞和印尼，人們收割這些長長的枝條，除去棘刺劈細之後拿來製作家具、手工藝品及各種藤製品，它的果實表面有細鱗，在菲律賓、泰國及馬來西亞被拿來食用。

c. 省藤 C
Calamus sp.

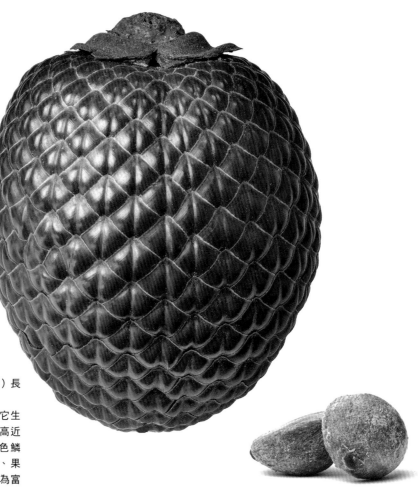

曲葉矛櫚

Mauritia flexuosa

棕櫚科／Arecaceae／（果實）長
5.5公分

原產於南美洲亞馬遜河流域。它生
長在河流漫漶的潮濕地帶，樹高近
35公尺，所結果實帶有紅棕色鱗
片，可食用也可用來做果汁、果
醬、冰淇淋或者發酵成酒。因為富
含不飽和脂肪酸和胡蘿蔔素，所以
也可以提煉油脂。

西谷椰子

Metroxylon sagu

棕櫚科／Arecaceae／寬4公分

原產於新幾內亞島及周邊島嶼。是發
芽之後十幾年才會開花結果，之後
就會枯萎的單次繁殖型椰子。生長於
河流氾濫的平原，樹幹和葉柄長滿棘
刺。它和香蕉一樣，從地下根系長出
新芽，樹幹蓄積澱粉，精製之後做成
食用的西谷米。

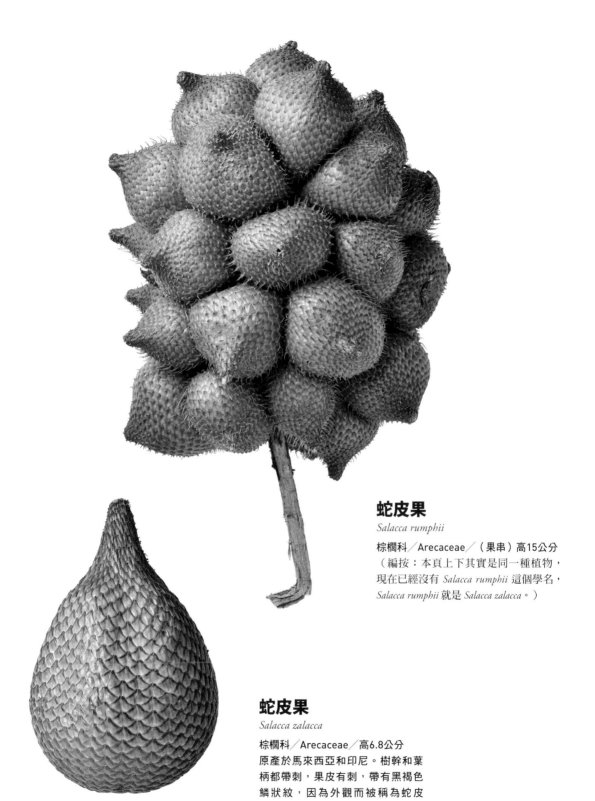

蛇皮果

Salacca rumphii

棕櫚科／Arecaceae／（果串）高15公分
（編按：本頁上下其實是同一種植物，
現在已經沒有 *Salacca rumphii* 這個學名，
Salacca rumphii 就是 *Salacca zalacca*。）

蛇皮果

Salacca zalacca

棕櫚科／Arecaceae／高6.8公分
原產於馬來西亞和印尼。樹幹和葉
柄都帶刺，果皮有刺，帶有黑褐色
鱗狀紋，因為外觀而被稱為蛇皮
果。每顆果實有3粒種子，白色果肉
酸甜帶有澀味，在東南亞當作果樹
種植。

羅非亞椰子

Raphia farinifera

棕櫚科／Arecaceae／高7公分
原產於東非。果實比其他品種略
小，頂端稍微有點尖的卵圓形。

美洲羅非亞椰子

Raphia taedigera

棕櫚科／Arecaceae／
（果實）高6公分
羅非亞椰子屬家族當中唯一
原產於中南美洲的品種。果
實為圓筒型褐黃色，比羅非
亞椰子略小。

羅非亞椰子家族的果實全部都帶有大的鱗片，很像是有點硬度的塑膠，常被拿來當作裝飾品。這種樹有很大的羽狀複葉，莖幹在蒸過並揉搓使其軟化所取出的纖維被稱為羅非亞纖維，在當地用來製作繩索或編網。另外，由於它用得越久越有光澤而深受喜愛，所以也拿來當編織帽子和手提袋的材料。

酒羅非亞椰子

Raphia vinifera

棕櫚科／Arecaceae／
（果實）高10.6公分
原產於西非。果實為細長型頂端
比較尖。

伸展棘刺

在自然界當中有許多樹木果實表面披滿棘刺，是為了防止被吃掉。
刺的大小、粗細和硬度各個物種都有所不同，這裡要介紹各種帶刺的果實。

蘇門答臘木麻黃

Gymnostoma sumatranum

木麻黃科／Casuarinaceae／寬4.2公分
原產於蘇門答臘的常綠樹木。葉子形狀像木
賊草般細長，猛一看會以為是針葉樹。通
常被種來取代難以在高溫環境下存活的針葉
樹。雌雄異株，雄蕊穗狀附著在樹枝頂端。
果實長滿棘刺，成熟之後會從每個尖尖的開
口冒出有果翅的種子。

北美楓香
Liquidambar styraciflua

楓香科／Altingiaceae／寬3.7公分

北美原產，大部分果實為球狀密集的聚合果，多孔是它的特徵，外觀突起是雄蕊造成的。春天開花，秋天果實成熟後會張開並掉出有果翅的細長種子。

楓香
Liquidambar formosana

楓香科／Altingiaceae／寬3.5公分

它與槭樹很類似，經常被混淆，可用槭樹葉子對生，而楓香葉子是互生來辨別。另外，北美楓香的葉子有四裂以上，但是楓香只有二裂。

佩圖莫海膽果

Apeiba petoumo

錦葵科／Malvaceae／寬7.5公分
南美洲北部原產，高度可達30公尺的
喬木。花為黃色五瓣，果實滿布粗大棘
刺。樹皮可做纖維，木灰可以製作防止
蛀牙的牙粉。

海膽果

Apeiba tibourbou

錦葵科／Malvaceae／寬7.4公分
生長於中南美洲，花為黃色五瓣，樹皮
纖維可製紙板而被大量種植，種子可以
萃取果油並有效防止禿頭。

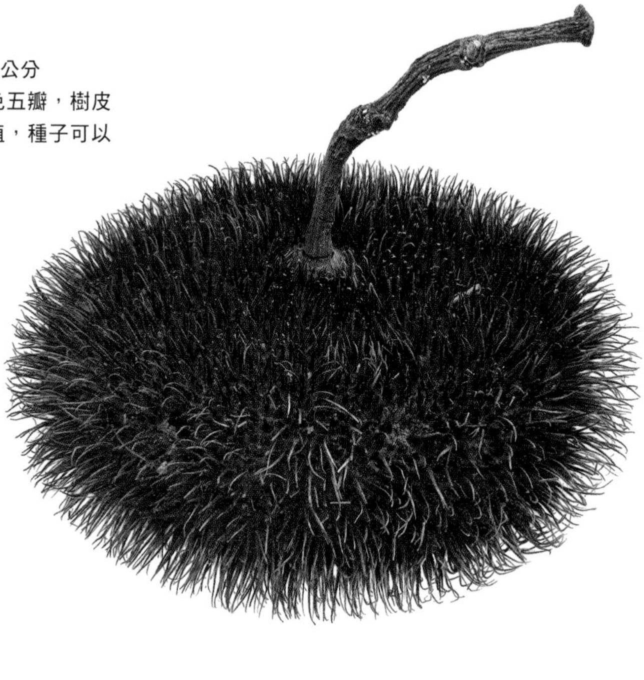

土耳其榛

Corylus colurna

樺木科／Betulaceae／寬7.5公分

原產於東南歐到西亞一帶，也是我們常吃的榛果家族的一員。種子跟榛果一樣約1到2公分，總苞很大而且有刺，簇生3至8個果實，總苞表面的腺毛在新鮮的時候具有黏性。

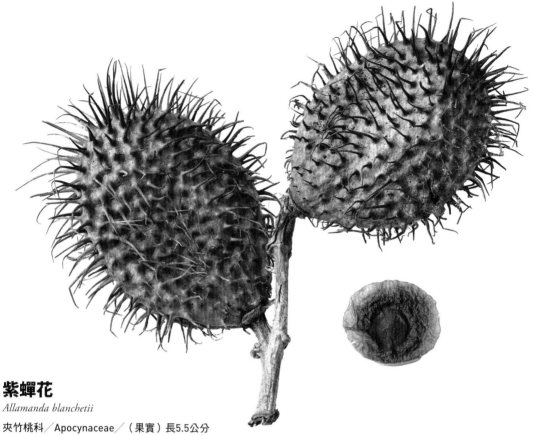

紫蟬花

Allamanda blanchetii

夾竹桃科／Apocynaceae／（果實）長5.5公分
原產於巴西的藤本植物，可以長到10公尺左右，
開出大朵紫紅色花，在亞熱帶及熱帶地區被種來
當作觀花植物。很少結果，果實被包裹在表面有
刺毛的兩枚果皮當中，成熟時會掉出圓盤形狀果
翅的種子。

紫花曼陀羅

Datura stramonium

茄科／Solanaceae／（果實）長4公分
已經在世界各地的溫暖地帶被馴化，高度為1公
尺左右的大型草本植物，也是全株含有植物鹼
的有毒植物，因此在處理時要很小心。直徑8公
分，長度接近20公分的大型白色喇叭狀花朵朝上
綻放，之後結出有棘刺的果實，成熟時裂成四片
掉出黑色種子。跟它非常類似的白花曼陀羅，兩
者可以從種子顏色來區別，後者為褐色。

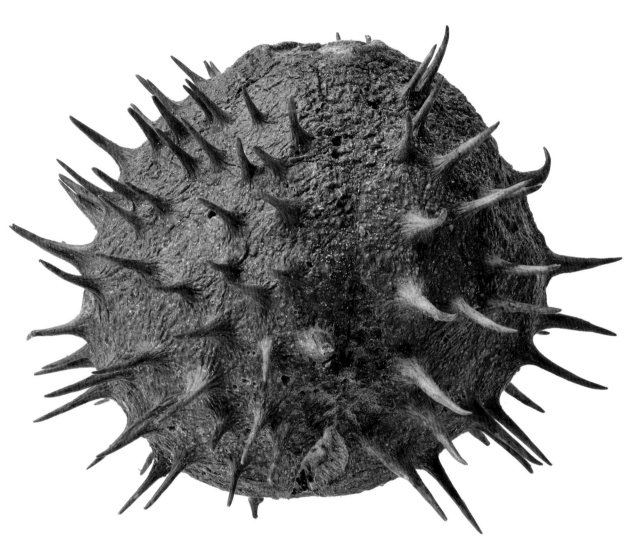

歐洲七葉樹（馬栗）

Aesculus hippocastanum

無患子科／Sapindaceae／（果實）寬5公分
原產於巴爾幹半島一帶的大型落葉闊葉樹，
又稱七葉樹。早春時節它的大型圓錐花序開
出白花，夏天的綠葉和秋天的黃葉都非常好
看，溫帶地區喜歡種來當作行道樹及庭園觀
賞樹木。它與日本七葉樹有近緣關係，不過
歐洲七葉樹果實表面有刺，裡面含有一顆長
約3公分的有臍種子，因為含有大量皂素，一
般不會拿來食用。

胭脂樹（紅木）

Bixa orellana

胭脂樹科／Bixaceae／（果實）長5公分
原產於中南美洲的常綠灌木。淡粉紅色的五
瓣花朵綻放之後結出紅色多毛果實，成熟時
裂開露出許多紅色種子，種子可提煉胭脂樹
紅色素，亞馬遜河流域的居民自古以來用它
來化妝及人體彩繪，現在它在熱帶地方被大
量栽植，用以提取食用色素及製作口紅。

老虎心（刺果蘇木）

Caesalpinia bonduc

豆科／Fabaceae／（果莢）長7公分
廣布在熱帶地方、美洲蘇木屬的蔓藤植物，
莖幹和葉軸上有爪狀鉤刺。黃色穗狀花朵盛
開後，結出被棘刺包覆的果莢，裡面有2到3
顆豆子，這種豆子可以浮在海面上，隨著海
流到處漂送，也是常在海邊撿東西的人很喜
歡的漂流物之一。

扭曲彈跳

我們收集各種不同方式扭曲的莢果。
雖然它們的外觀看起來很類似，但有些結構是利用乾濕調節而慢慢釋出種子，
還有一些果莢是利用彈力把種子散播出去。

火索麻
Helicteres isora

錦葵科／Malvaceae／長4公分
原產於亞洲熱帶、高度約2公尺的矮灌木。剛開的
花是青綠色，第二天變成橘色。果莢表面是扭曲的
凹槽，被雨淋濕會變鬆，從內部撒出種子。在印度
及泰國，果莢被用來止瀉和止血。

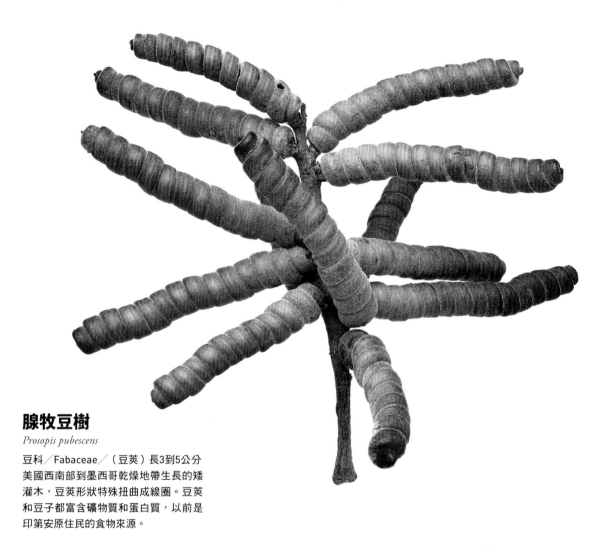

腺牧豆樹

Prosopis pubescens

豆科／Fabaceae／（豆莢）長3到5公分
美國西南部到墨西哥乾燥地帶生長的矮
灌木，豆莢形狀特殊扭曲成線圈。豆莢
和豆子都富含礦物質和蛋白質，以前是
印第安原住民的食物來源。

蝸牛苜蓿

Medicago scutellata

豆科／Fabaceae／長1公分
原產於地中海沿岸的草本植物。黃色蝴
蝶形狀的花開之後，結出1公分捲成線
圈的豆莢，形狀很像蝸牛，因而得名。

洋紫荊

Bauhinia purprea

豆科／Fabaceae／高9.7公分

原產於中國南部到東南亞之間的
樹木，是同屬200種裡面花朵最
美的，在熱帶及亞熱帶地方被大
量栽種。幼莢隨著成長過程會扭
曲內捲，天氣乾燥時發出聲音然
後把種子彈出四處飛散，之後果
莢還可以繼續捲曲。

羊蹄甲屬

Bauhinia sp.

豆科／Fabaceae／高17公分

豆莢表面有天鵝絨般的細毛，較
大的豆莢裡面約有十來個豆子。
羊蹄甲屬的家族種類繁多，很難
只從豆莢判定是哪個品種，日本
西南沿海地帶也可以找到跟它同
屬的野生日本羊蹄甲族群。

斯圖崖豆木
（雞翅木）

Millettia stuhlmannii

豆科／Fabaceae／高24.5公分

原產於非洲東南部熱帶地區的樹
木。美麗深棕色木紋的硬木可製
作高級家具。非洲當地人用它的
樹根及樹皮製作藥材。

緬甸鐵木
（木莢豆、金車木）

Xylia xylocarpa

豆科／Fabaceae／高13公分
原產於東南亞的落葉喬木。紅棕
色的硬木是製作高級家具的貴重
材料，在日本被取名為象耳，因
為它的豆莢打開時讓人聯想到大
象的耳朵。

大葉五柳豆
（非洲油豆）

Pentaclethra macrophylla

豆科／Fabaceae／寬13.5公分
原產於非洲，樹高可達40公尺的
常綠喬木。大型豆莢約40到50
公分，豆子單顆也有5到7公分大
小，因含豐富的油分而被用來加
工製作肥皂及蠟燭。也因含有生
物鹼，當地人用它來毒魚捕魚，
也有人把它當作藥材。

開花

這裡所收集的果實是
收納種子的格子像花瓣一樣分開，
為了散布種子而打開的果莢，
看起來就像一朵花或花蕾。

八角茴香

Illicium verum

五味子科／Schisandraceae／
寬2.5公分

原產於中國的常綠喬木。八角
茴香的果實分為八等分，每格
容納一顆種子，種子乾燥之後
可以當作香辛料，也就是中華
料理當中有名的八角或是印
度料理當中所用的調味料star
anise。日本莽草的種子跟八角
茴香長得很像，不過前者卻帶
有強烈毒性。

印加果
（南美油藤）

Plukenetia volubilis

大戟科／Euphorbiaceae／
（果實）寬5公分

原產於中南美洲的藤本植
物。單性花，雌雄同株。蒴
果有4到7個隔間，裡面的種
子被稱為印加果，富含蛋白
質和脂肪，不能生吃但烘烤
後可食用。

膠蘋婆（刺蘋婆）

Sterculia urens

錦葵科／Malvaceae／寬10公分
原產於印度的落葉中型灌木。掌狀葉三
到五裂。花朵小而平凡，不太吸引人，
但嫩果為鮮紅色。果實成熟裂開之後有
幾顆黑色種子黏在邊緣。割開它的樹幹
會流出一種被稱為黃蓍膠的多醣體，當
它吸收水分後會變得很黏，常被用來作
為食品添加物，譬如說冰淇淋的增稠劑
或安定劑。在醫療方面則被用來當作假
牙的黏合劑等，用途非常廣泛。

翅子樹（槭葉翅子木）
Pterospermum acerifolium

錦葵科／Malvaceae／高10公分
原產於印度到東南亞一帶，樹高可達30公尺
的常綠喬木。嫩果表面覆蓋紅棕色的細毛，
內含數顆有翅的種子。蒴果的果皮會像花開
一樣裂開讓種子飛撒出去。

梳狀翅子木
Pterospermum pecteniforme

錦葵科／Malvaceae／高6.5公分
原產於泰國及馬來半島的常綠中型灌木。白
色花朵約5公分。果皮邊緣有大波浪捲曲，像
槭葉形狀的內側收納數顆帶翅的種子。

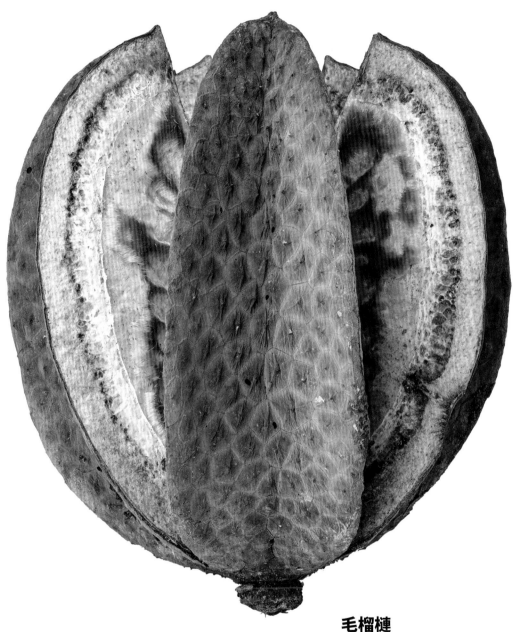

毛榴槤

Neesia altissima

錦葵科／Malvaceae／高18公分

原產於東南亞樹高可達40公尺的常綠喬木。約1公分的淡黃色花朵附著在2公分的圓盤子房上面，形狀獨特看起來像幽浮。 授粉之後果實會長大並且木質化，表皮很類似鱷魚皮的獨特質感。成熟果實裂為五瓣，裡面有許多圍繞著金色刺毛的黑色扁平種子。

苘麻

Abutilon theophrasti

錦葵科／Malvaceae／寬2.2公分
原產於中亞和中國，高度約2公尺的草本植
物。以前的人利用它的莖提取纖維製作粗布
或是繩索，隨著尼龍產品的出現，利用價值
消失，現在被許多熱帶國家視為強勢入侵的
雜草。

波氏馬兜鈴

Aristolochia pothieri

馬兜鈴科／Aristolochiaceae／（吊籃）長4公分
東南亞原產，可長達數公尺的藤蔓植物，造形奇特的花朵
開在葉柄基部，是黃裳鳳蝶及大紅紋鳳蝶的食物。它的果
實像打開的吊籃，會在樹木四周撒上帶果翅的種子。

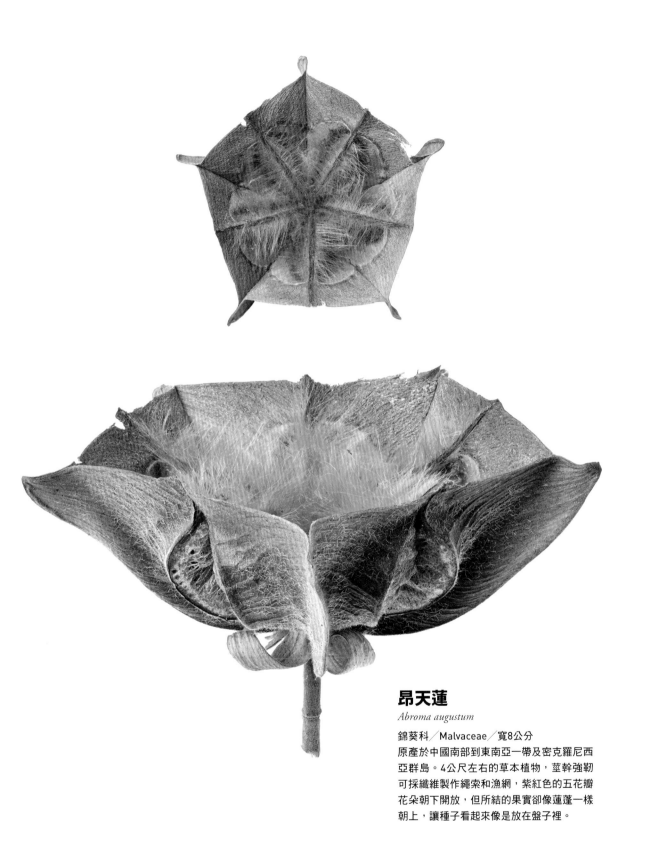

昂天蓮

Abroma augustum

錦葵科／Malvaceae／寬8公分

原產於中國南部到東南亞一帶及密克羅尼西亞群島。4公尺左右的草本植物，莖幹強韌可採纖維製作繩索和漁網，紫紅色的五花瓣花朵朝下開放，但所結的果實卻像蓮蓬一樣朝上，讓種子看起來像是放在盤子裡。

大花上位獨蕊
（大花樹豆蔻）
Qualea grandiflora

蠟燭樹科／Vochysiaceae／長7.9公分
原產於南美洲的落葉性中型樹木。黃色花
朵有花距（譯注：花距是植物花瓣向後或
向側面延長成管狀的結構）。乾燥之後果
實三裂，把收納在裡面層層疊疊的有翅種
子散播出來。

日本山茶（屋久島椿）
Camellia japonica var. *macrocarpa*

山茶花科／Theaceae／（果實）寬8.9公分
日本屋久島特有的常綠中型樹木。日本野山
茶果實直徑約4公分左右，但這個品種卻長
達8公分，裡面的種子與野山茶差不多大小
但果皮比較厚。

日本大百合

Cardiocrinum cordatum

百合科／Liliaceae／（果實）高4.5到5公分

原產於東北亞。在日本經常出現在杉樹林裡，葉子在離地面約20公分的高度呈放射狀展開，非常顯眼。開花季節可長到一公尺左右，有幾朵花開在頂端。與其他百合花不同之處是它的花朵比較閉合沒有平開。開花後所結的4公分蒴果向上開展，裡面有許多帶翅的種子。

旅人蕉

Ravenala madagascariensis

鶴望蘭科／Strelitziaceae／寬16公分
馬達加斯加原產。樹高可達20至30公
尺，像扇子的外形非常獨特，也是亞熱
帶及熱帶地方很受喜愛的觀賞植物，另
有扇芭蕉的別名。它的蒴果在閉合時形
似香蕉，木質，非常堅硬。成熟之後果
實三裂，裡面藏有自然界非常少見披著
碧藍色假種皮的種子，種子可食。

漁人蕉（圭亞那旅人蕉）

Phenakospermum guyannense

鶴望蘭科／Strelitziaceae／寬7公分
原產於南美洲東北部的圭亞那及蘇利南。
雖然與馬達加斯加原產的旅人蕉看起來很
類似，但是這個品種比較小型，高度只有
5公尺左右。花序拉長往上升，擁有鮮豔
橘色的假種皮種子，雄蕊數量1到5根。
為了和旅人蕉做區別而把它歸類到漁人蕉
屬，是一屬一種的植物。

張開大口

這裡收集讓人聯想到張開血盆大口模樣的樹木果實，
有些從果實中間裂開，有些裂口在果實側邊。

織軸樹

Schrebera swietenioides

木樨科／Oleaceae／高5.9公分
東南亞、印度原產。生長於熱帶莽原乾燥疏林
地帶、高度約20公尺左右的落葉喬木。開出1公
分左右白褐色花朵之後結出梨形果實，成熟後
尖端裂為兩半，露出果翅很長的種子。

巴西藍花楹

Jacaranda brasiliana

紫葳科／Bignoniaceae／長12.2公分
原產於巴西的落葉喬木。葉子掉光後藍紫色花朵一起盛開，非常美麗。巴西的里約熱內盧大量種植當成行道樹，數量多到開花季節幾乎要把整個市區染成藍紫色的地步。它的果實比同屬的藍花楹大三倍，成熟的時候像青蛙嘴巴一樣大裂為兩半，把帶有扁圓形果翼的種子撒在樹木周圍。

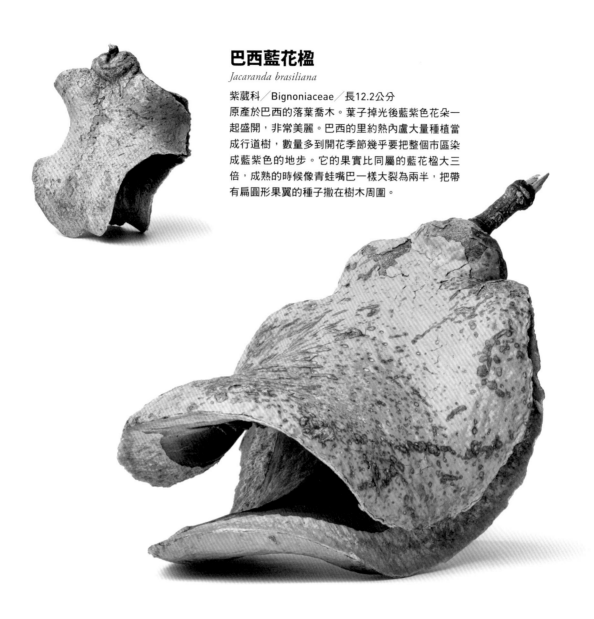

藍花楹

Jacaranda mimosifolia

紫葳科／Bignoniaceae／高6公分
原產於玻利維亞、巴拉圭、阿根廷的落葉喬木。花為豔麗的藍紫色，是熱帶地區廣為栽植的觀花樹木。日本的太平洋沿岸偶有栽種，和巴西藍花楹一樣在成熟時蒴果會分成二半，撒出扁圓形有果翅的種子。

掌葉蘋婆

Sterculia foetida

錦葵科／Malvaceae／（整個果串）高19公分

原產於東南亞、印度的落葉喬木，樹高可達40公尺，葉子形如手掌而得名。紅褐色花朵盛開後，大概會有五個拳頭大小的木質化果實附著在一起，新鮮果實為鮮紅色，成熟之後裂開，裂緣有幾顆2.5公分左右的橢圓形黑色種子。

翅蘋婆

Pterygota alata

錦葵科／Malvaceae／高12.3公分

原產於中國南部、東南亞、印度的常綠喬
木。樹高可達30公尺，偶爾會形成大板根。
紅褐色花朵盛開後，會結出拳頭大小的木質
化果實，成熟後裂開釋出扁圓形有果翅的種
子。乍看之下跟掌葉蘋婆無論在外觀或是高
度都很相似，不過可以從取下種子之後果實
是否殘留放射狀線條來區別兩者。

槭葉酒瓶樹（澳洲火焰木）

Brachychiton acerifolius

錦葵科／Malvaceae／（果實）長12.6公分
原產於澳洲東部熱帶雨林的半落葉型喬木。
落葉期間紅色花朵盛開，通常被種來當作觀
花樹木。其蓇葖果密生短刺毛，觸摸會刺痛
皮膚，處理時必須很小心。

異葉瓶幹樹

Brachychiton populneus

錦葵科／Malvaceae／（果實）長
6.7公分
原產於澳洲東部及內陸半乾燥地帶
的常綠半落葉喬木，高度可達20
公尺。它的大種子曾經是澳洲原住
民重要的食物來源，蓇葖果密布刺
毛，尺寸比澳洲火焰木小一號。

紅火球帝王花

Telopea speciosissima

山龍眼科／Proteaceae／（莢果）長11公分
澳洲新南威爾斯州的特有種（譯注：也是它的州
花），高度4公尺左右的常綠灌木，當地原住民
叫它waratha。花朵約有15公分，看起來很有存
在感而被大量栽培作為切花。木質化蓇葖果裡面
有大約10到20個有膜質果翅的種子。

天然的容器

這個章節收集了種子形狀類似飯碗或杯子的果實，
通常果實都是朝下，但把它倒過來看，卻有截然不同的樣子，
這也是天生天養由大自然塑形的趣味。

天蓮果（荷花玉蕊、半果樹）

Gustavia superba

玉蕊科／Lecythidaceae／高6公分
中美洲及南美洲北部原產，20公尺左右的常綠
喬木。直徑6公分的淡粉紅色花朵，看起來很像
荷花，又被稱為天堂蓮花。在熱帶地方經常被
種來當作觀賞植物，開花之後果實變成杯子形
狀，前端部分成熟破裂之後，露出附著大片假
種皮的種子，也是螞蟻最喜歡的食物。

猴胡桃屬

Lecythis sp.

玉蕊科／Lecythidaceae／寬12.6公分

原產於中南美洲，高達30公尺的落葉喬木。很類似砲彈樹的花朵凋謝之後，會形成直徑約10公分的木質化果實，裡面許多凹槽被2.5公分的細長種子填得滿滿。由於果實富含脂肪，也被人工種植當作農作物。猴子會為了採食而把手伸進去，但常常滿手種子卻拔不出來，因此又被取名為猴子莢。

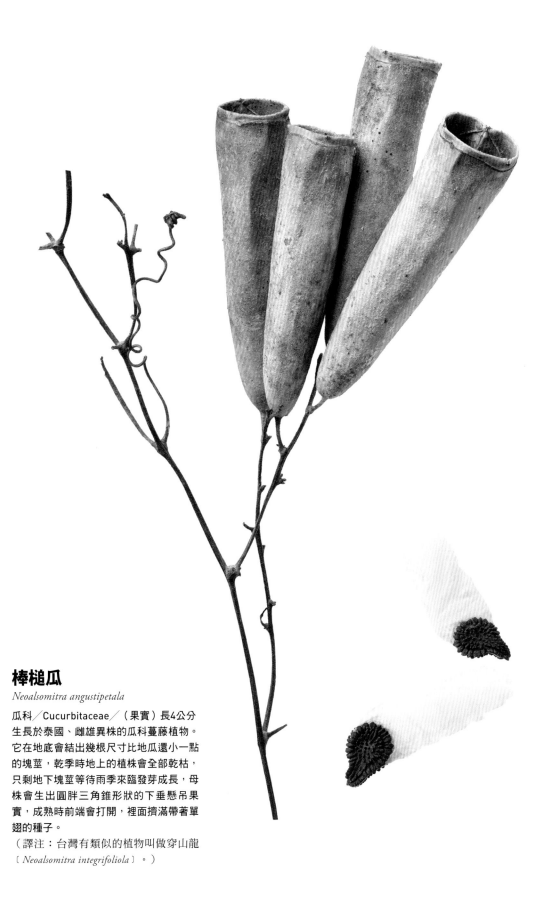

棒槌瓜

Neoalsomitra angustipetala

瓜科／Cucurbitaceae／（果實）長4公分
生長於泰國、雌雄異株的瓜科蔓藤植物。
它在地底會結出幾根尺寸比地瓜還小一點
的塊莖，乾季時地上的植株會全部乾枯，
只剩地下塊莖等待雨季來臨發芽成長，母
株會生出圓胖三角錐形狀的下垂懸吊果
實，成熟時前端會打開，裡面擠滿帶著單
翅的種子。
（譯注：台灣有類似的植物叫做穿山龍
〔*Neoalsomitra integrifoliola*〕。）

巴西卡林玉蕊木

Cariniana estrellensis

玉蕊科／Lecythidaceae／長9公分

原產於巴西及玻利維亞的半常綠型喬木，樹冠會長成傘狀。果實朝下生長，去掉前端的塞子就會看到裡面擠滿有光澤的單翅、外觀很類似槭樹的種子。種子形狀是立體的，有時會跟圭亞那纖皮玉蕊木的種子互相混淆，不過卡林玉蕊木果實前端比較狹窄，開口邊緣有鋸齒狀，而且內側收納種子的圓形小凹陷有四到六個，並列成三行，可以用以上這些特徵來辨識兩者。

圭亞那纖皮玉蕊木

Couratari guianensis

玉蕊科／Lecythidaceae／長12.4公分

中南美洲原產的半常綠性喬木，樹根部分會發育為可達8公尺的巨大板根。果實朝下，拿掉果實前端的塞子有果翅的扁平種子就會掉出來。有時候它會被誤認為是卡林玉蕊木，不過這個品種果實前端只是稍微張開而且開口邊緣是平滑的，果實內側有三排平緩的凹陷。

天然珠子

這個章節介紹的圓形果實通常被用來作為佛珠或是護身符。
除了這裡列出來的，在第一部也有介紹過其他當作護身符的豆子。

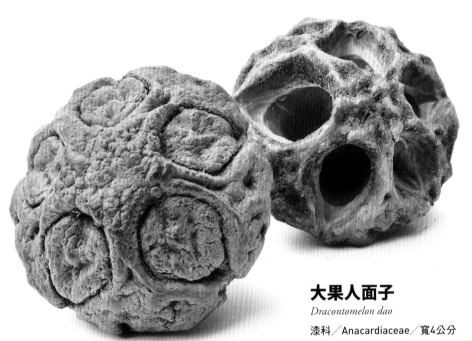

大果人面子

Dracontomelon dao

漆科／Anacardiaceae／寬4公分
分布在整個東南亞及其周圍從印度到巴布亞新幾內亞這
一整塊區域的常綠喬木。木材可以製作膠合板或是家
具，用途非常多樣，所以有人工植林。果實有五個雨滴
狀的小洞，裡面藏著種子。在佛教國家，這種水滴形圖
案很類似佛陀背面的火焰光環而被視為吉祥的護身符。
這種樹在木材交易市場又被稱為太平洋核桃。

黃花夾竹桃

Thevetia peruviana

夾竹桃科／Apocynaceae／長3公分
原產於墨西哥及中美洲的常綠灌木。黃色的花別具風
情，在熱帶地區被當作觀賞植物。有毒，三角鈴鐺形
的種子很特別，被視為幸運的象徵而製成護身符。

圓果杜英（印度念珠樹）

Elaeocarpus angustifolius

杜英科／Elaeocarpaceae／寬1.5-2公分
分布廣泛以東南亞為中心，從印度到澳洲一帶都有的
常綠喬木。圓形果實成熟後變成藍色，種子又被叫做
菩提子，印度教徒喜歡用它製作佛珠。

南酸棗

Choerospondias axillaris

漆科／Anacardiaceae／長2.5公分
分布於中國南部及中南半島的落葉喬木。。果實
醃漬可當作糖果，特徵是種子的圓周有五個凹
陷，淵源於佛教五眼而在日本被稱為五眼龍菩
提，用來製成佛珠。（編注：台灣佛教稱其為五
眼六通菩提。）

圓滾滾

在造形簡潔的樹木果實裡面，
特別為美麗的球狀果實留一個版面。

砲彈樹

Couroupita guianensis

玉蕊科／Lecythidaceae／高11.5公分
原產於南美洲的落葉喬木。從樹幹長出很長的花序，頂端有許多7公分左右的花朵，花謝後結出直徑近20公分的沉甸甸木質化球狀果實，形狀和分量感都讓人不禁聯想到砲彈，因而得名。儘管它在原產地被列為瀕臨滅絕的植物，但由於獨特外觀而在熱帶地區被當作庭園觀賞木，特別是在泰國的寺廟，屬佛教聖樹之一。

毛玉木

Magonia pubescens

無患子科／Sapindaceae／寬6.6公分

南美洲原產的落葉中型樹木,在當地被當作行道樹,木材又重又硬而且耐蛀蟲,也被當作建築材料製作門窗。圓形大果實裡面層層疊疊許多有果翅的種子,等果實乾燥、木質化果皮剝落之後,翅果會在空中飄舞飛散。照片中所示的破裂果實,裡面的種子因為果實尚未成熟,還沒發育完成。

毗黎勒（貝羅里加欖仁）

Terminalia bellirica

使君子科／Combretaceae／寬2.5公分

原產於南亞、東南亞的半常綠喬木。新鮮的果實表面披覆銀色或古銅色的細毛,看起來像天鵝絨。

紡綞形

在造形簡潔的樹木果實裡面
算是比較大型的，
這裡收集了外觀像橄欖球或
杏仁果形狀的紡綞形果實。

臘腸樹

Kigelia africana

紫葳科／Bignoniaceae／高18.5公分
原產於熱帶非洲的常綠喬木。從樹枝生出很長的花
梗，頂端開出約10公分的紫紅色花朵，夜晚香氣濃
郁。花朵結構是便於讓蝙蝠授粉。開花後會生出又胖
又長的木質化果實，最長可到1公尺，重量達10公斤。

婆羅洲鐵木（坤甸鐵木）

Eusideroxylon zwageri

樟科／Lauraceae／高15公分
原產於東南亞的常綠喬木。之所以得名是因為它是婆
羅洲生產的堅固木材，在多雨的原產地被用來蓋屋
頂。花朵很小但果實可達20公分，裡面的種子約有
15公分，有不規則溝槽的堅硬種皮在反覆乾濕的氣
候之下龜裂，讓種子比較容易發芽，這也是適應乾濕
環境而被馴化的證明。

大葉桃花心木

Swietenia macrophylla

棟科／Meliaceae／（果實）長
12.8公分

中南美洲原產的常綠喬木。木材是
製作高級家具的材料，在熱帶地區
也被種來當行道樹。大約15公分
長的木質化果實高掛在樹枝朝上生
長，蒴果被厚厚的外皮和斑駁的勺
狀內皮所覆蓋，裡面帶有輕軟木質
果翅的種子，以每兩行並排儲存在
四到六稜的隔間裡面，當果實乾燥
表皮破裂，內胚層明顯翹曲以去除
果皮，外露的種子藉由風力和氣流
到處旋轉飄散。

形狀凹凸

這裡收集了表面凹凸不平的獨特果實，
凹凸有許多形態，表面有密集圓形突起、
像疙瘩般的孔洞或是短棘般的突起等等。

紅千層（紅瓶刷子樹）

Callistemon sp.

桃金孃科／Myrtaceae／高11.8公分
原產於澳洲的樹木。雖然花小不太
起眼，但它的紅色或白色的雄蕊花
絲又細又長，大量聚集開花時看起
來像是一根刷子，又被稱為瓶刷子
樹。從花序尖端長出葉子，開花時
葉子也跟著一起長大，因此在樹枝
裡面有許多密集的圓形果實，樣子
看起來很像聚集的蟲卵。果實裡面
有許多粉末狀的種子。

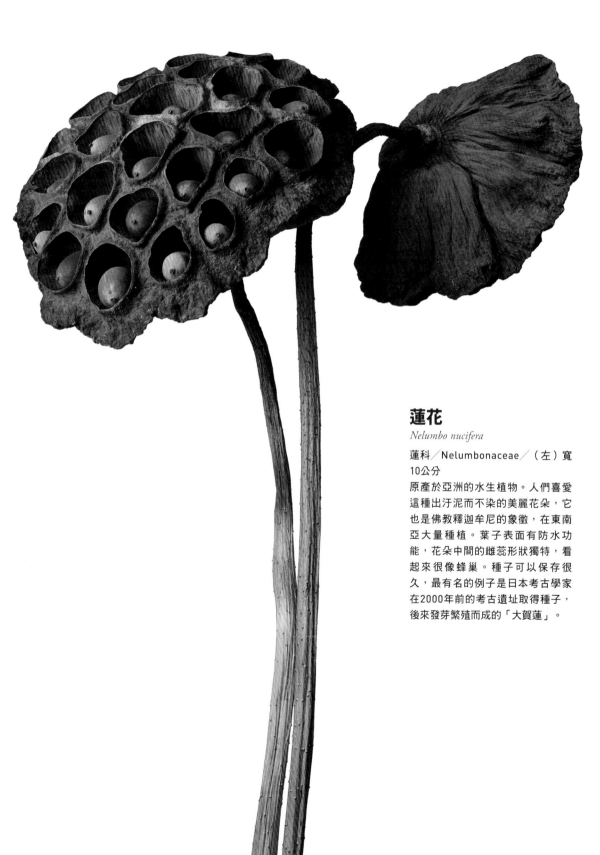

蓮花

Nelumbo nucifera

蓮科／Nelumbonaceae／（左）寬
10公分
原產於亞洲的水生植物。人們喜愛
這種出汙泥而不染的美麗花朵，它
也是佛教釋迦牟尼的象徵，在東南
亞大量種植。葉子表面有防水功
能，花朵中間的雌蕊形狀獨特，看
起來很像蜂巢。種子可以保存很
久，最有名的例子是日本考古學家
在2000年前的考古遺址取得種子，
後來發芽繁殖而成的「大賀蓮」。

釋迦

Annona squamosa

釋迦科／Annonaceae／寬6.5公分
原產於中南美洲但在熱帶地區被大量種植的果樹。形狀看起來
像帶有螺髮的佛頭,又被稱為佛頭果。果實為綿密乳膏狀,味
道酸酸甜甜,裡面有許多黑色細長種子。

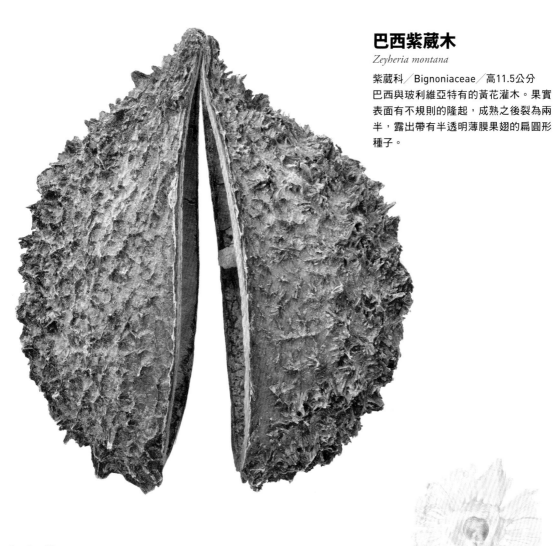

巴西紫葳木
Zeyheria montana

紫葳科／Bignoniaceae／高11.5公分
巴西與玻利維亞特有的黃花灌木。果實
表面有不規則的隆起，成熟之後裂為兩
半，露出帶有半透明薄膜果翅的扁圓形
種子。

領杯藤
Amphilophium crucigerum

紫葳科／Bignoniaceae／（果實）長14.3公分
原產於中南美洲與西印度的木質藤本，花為白
色。果皮的表面密布著細小突起，成熟後分裂
成兩半，露出半透明薄翅的種子。

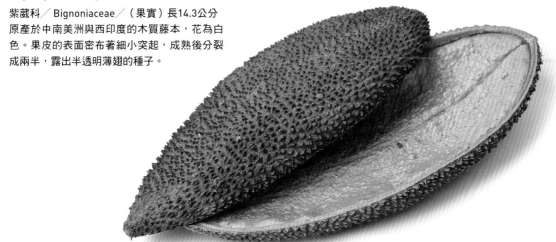

樹木果實的世界地圖

這裡我們用地圖來整合世界每個地區的地理環境，以及當地生長植物的果實特徵。
由於歐亞大陸的樹木種類整體上跟其他大陸比起來相對單調，所以這裡先省略，
不過，若仔細觀察當然還是可以找到每個地區特有的果實樹木。

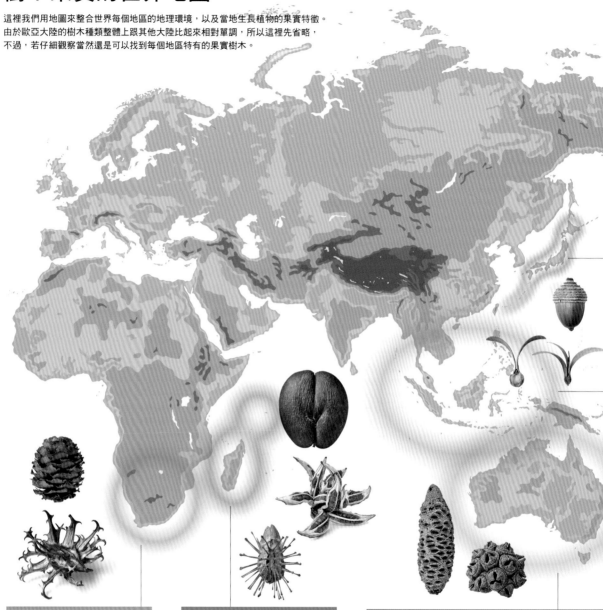

非洲南部

魔鬼爪
生長於非洲南部的納米比亞、波札那、南非等國的乾燥地區。

木百合屬家族
全部都是南非特有種，分布在開普頓以南。南非的木百合與澳洲的班克木及哈克木都是山龍眼科，它們的樹幹及果實都有防火功能，可以在野火焚燒之後重生。

馬達加斯加、塞席爾群島

鉤刺麻屬、猴麵包樹屬
這兩屬植物分布在馬達加斯加島西側的乾燥地帶。鉤刺麻屬的所有種類及猴麵包樹屬的其中6種都是馬達加斯加的特有種。

旅人蕉、鳳凰木
馬達加斯加特有種。

海椰子
只生長在塞席爾群島當中的二個島，種子是世界上最大顆。除此之外，塞席爾群島還有其他五種特有種椰子。

澳洲

澳洲不只擁有10個固有科及400個固有屬，特異進化的耐旱型木本植物也是這個區域的特徵之一。班克木屬、哈克木屬、帝王花屬全部都是山龍眼科，這個科的植物分布在南半球的澳洲、南非及南美洲，由此可以看出它們曾經都屬於岡瓦那古陸的關係。

班克木、哈克木屬
班克木屬約有80種類，除了其中一種，其他都是澳洲特有種。大都生長在澳洲西部，雖然大部分都生長在乾燥地帶但也有濕地生長型的。哈克木屬約有150種植物，全部都是澳洲特有種，它們會結出與班克木相似的硬果。這兩屬植物在野火之後，都會從殘留在地下的木質基幹再度重生、或是藉由野火釋放出的種子繼續繁殖。

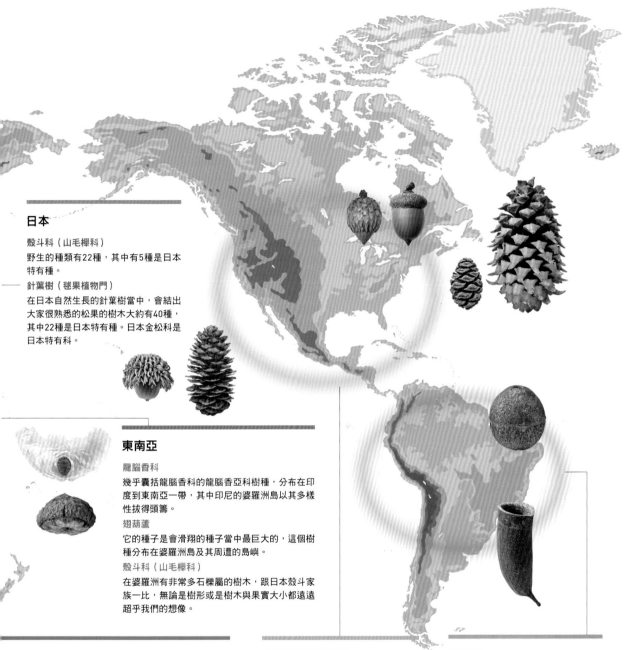

日本

殼斗科（山毛櫸科）
野生的種類有22種，其中有5種是日本特有種。

針葉樹（毬果植物門）
在日本自然生長的針葉樹當中，會結出大家很熟悉的松果的樹木大約有40種，其中22種是日本特有種。日本金松科是日本特有科。

東南亞

龍腦香科
幾乎囊括龍腦香科的龍腦香亞科樹種，分布在印度到東南亞一帶，其中印尼的婆羅洲島以其多樣性拔得頭籌。

翅葫蘆
它的種子是會滑翔的種子當中最巨大的，這個樹種分布在婆羅洲島及其周遭的島嶼。

殼斗科（山毛櫸科）
在婆羅洲有非常多石櫟屬的樹木，跟日本殼斗家族一比，無論是樹形或是樹木與果實大小都遠遠超乎我們的想像。

帝王花屬
已知共有5種，全部都是只生長在澳洲東海岸的特有種。

桉樹屬
含變種共有1000種以上，幾乎都是澳洲土生土長的樹種，多到可以說它是組成森林面積三分之一的要角。雖然這個家族的樹木葉子含油易燃，但樹幹及種子都有耐火的特性。

瓶幹樹屬（Brachychiton）
約有30種，除了其中一種其他都是澳洲特有種。

北美洲到中美洲

松屬
以松科為代表的松屬植物在全世界共有100種左右，主要分布在北半球（只有一種生在南半球）特別是在北美洲，不論是樹形或是大小都極富多樣性。

柏科
在針葉樹當中以巨大聞名的巨杉和北美紅杉都是美國的特有種。

殼斗科（山毛櫸科）
在墨西哥枹櫟屬的種類特別多，有160種以上，裡面以巨無霸橡果著稱的砂鍋櫟（*Quercus insignis*）最有名。

南美洲

玉蕊科
這一科有許多屬分布在南美的熱帶地區（日本只有兩種）。其中最有名的是可食的巴西栗和大猴胡桃。另外，砲彈樹也因獨特外觀（幹生果）而被種在各地的植物園供人觀賞。

可可屬
本屬無論是熱帶地方大量栽培作為巧克力原料的可可樹，或是結出橄欖球形狀大果實的雙色可可樹或是大花可可樹，在當地都經常拿來食用。

如何利用樹木果實

雖然本書編輯重點是放在樹木果實觀賞，但它們在世界各地以不同形式被利用，所以我們還是留些篇幅介紹它的用途。

當作食物

本書重點放在乾燥過後具有裝飾性的果實，但一般人看到樹木果實，應該都會直覺那是可食用的。可食用果實的不二選擇就是水果，不論是蘋果、桃子或葡萄的種子都是很典型可以播種長大成為大樹，其次就是堅果裡面大家最熟悉的核桃、杏仁果這類有硬殼保護的堅果，日本從繩文時代的考古遺跡中挖出許多橡子、栗子和七葉樹種子，證明這些耐貯藏的堅果自古以來就是先民碳水化合物的珍貴來源。另外，會結出松果的紅松、義大利傘松、五葉松，它們的松子長久以來就被各地的人們所食用。比較特別的是美國的原住民印第安人會煮食或醋漬角胡麻屬的植物嫩果，據說味道類似秋葵。

當作藥物

生長於非洲南部的魔鬼爪的塊莖含有各種成分，長久以來被傳統醫療當作草藥。注意到這一點的西醫學者做了調查後，發現它對治療關節炎非常有效，現在已經開發製成藥劑。另外，由於相信世界上尺寸最大的椰子（海椰子）果肉在乾燥之後有壯陽、春藥及美白的效果，據說在中國及香港的中藥店都有販賣。另外，新鮮的海椰子果肉有清爽的甜味，被公認是美味。

當作佛珠及裝飾品

就如第3部〈天然珠子〉這個章節所述，它們常被用來作為佛珠或手鐲的材料，甚至像印度念珠樹都直接用功能來取名，印度教徒特別喜歡那些帶有溝紋的珠子。又大又硬的緬茄種子在物流不普遍的古早年代，曾是高價買賣製作佛珠的商品。在〈各式各樣的豆子〉這個章節所介紹過的太極紅豆和漢堡豆，用它們製成的項鍊在中南美洲很受歡

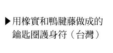

▶用橡實和鴨腱藤做成的鑰匙圈護身符（台灣）

▼用瑪麗豆做的護身符（宏都拉斯）

角胡麻屬的嫩果

迎。鴨腱藤也經常被用來製作鑰匙圈和項鍊這類的人氣伴手禮。蓖麻、相思豆和瑪麗豆常被用來製作護身符。

這類豆子的殼既薄又硬，很容易用鑽頭打洞穿線，由於加工容易又耐貯藏，加上外形美觀很受歡迎，自古以來就被充分利用。

工藝品及日用品

在澳洲，有些人會把班克木的花序整平打薄或是把它挖空嵌在花瓶或容器，還有人拿班克木、桉樹和哈克木的果實製作洋娃娃。澳洲及非洲人也會雕刻猴麵包樹的果實製作工藝品。日本自古以來使用的瓠瓜，據說它是一種起源於非洲的古老農作物，結出各種形狀的瓜果，由於內部籽肉易於清除進行加工，所以世界各地都可看到使用瓠瓜製作的食器、樂器和工藝品。

被稱為「美洲象牙椰子」的象牙椰子則如同其名，它的胚乳有如象牙般又白又硬，在日本被加工作為搭配和服的掛墜，塑膠未發明之前是非常普遍製造鈕扣的材料。生產許多象牙椰子的厄瓜多爾，最有名的工藝品伴手禮就是用種子雕刻的動物，也因為容易上色，有人把它打薄做成飾品。同屬於棕櫚科的羅非亞椰子，超級堅硬的種子也被拿來製作和服掛墜或是裝飾品。

另外在歐美經常使用毬果類的果實製作花環、壁飾，連日本人都會在聖誕季節使用各種樹木果實製作花環，元旦祈福的注

使用染色果實及香精油製作的花草香氛材料（泰國）

利用班克木、哈克木及尤加利（桉樹）做成的娃娃（澳洲）

連繩門飾都看得到松果的蹤影。泰國到處可見把精油加入染色的小果實、種子及乾燥花做成的香氛包材料，賣給遊客當成伴手禮。

在猴麵包樹果實表面雕刻圖案
（澳洲原住民所做的工藝品）

如何保管樹木果實

或許有些人在讀過本書之後，也想在家裡欣賞樹木果實吧，或者是小時候撿過橡實並仔細收集保管，後來卻發現長出蟲子而被嚇到的人應該也不少！在外面撿到或購買的樹木果實到底要如何保管呢？

注意不要讓它長黴

像前面提到的橡實，有人可能會擔心長蟲，但在炎熱潮濕的氣候最應該注意的反倒是黴菌。通常在相對乾燥的季節（從秋天到梅雨季節），只要把它放在通風良好的地方就可以。若是果實已經很乾燥，或許可以考慮把它們放在保鮮盒之類的密封容器，不過這樣做會有一點風險，即便裡面殘留一絲絲的水氣，就會長出黴菌。如果要儲存在容器，建議是放在瓦楞紙箱並放在通風良好的地方，再放點除濕劑或衣櫃防蟲片即可。

蟲子可以用煮沸或冷凍方式來處理。

如果是自己撿到的果實，把它們煮沸或放在冰箱冷凍庫，這樣就可以確保沒有蟲子。不過在日本撿到的果實除了橡實，本來蟲子就不多，只要把表面清洗乾淨放在通風陰涼的地方應該就夠了。橡實就用前面提過的煮沸法或是冰箱冷凍幾天之後再乾燥。

如果長黴

可以先噴酒精再用布或刷子清潔之後再乾燥。以我個人經驗，含油的尤加利樹種子、可可豆和豆莢最容易發霉，松果之類的木質果實只要用水涮一涮再乾燥就滿乾淨了。

煮沸後的橡樹子

鉤刺麻屬的果實

其他還有一些果實需要特別處理

譬如有纖細果翅的龍腦香科和翅葫蘆特別易碎，還有部分豆科植物由於豆莢結構的關係容易破裂，譬如說沙盒樹、橡膠樹或紫藤的種子，會因為過度乾燥而裂開。省藤和林投的果實只要稍微用力就有可能碎裂，搬運和存放要非常小心。另外，要小心處理像魔鬼爪和鉤刺麻屬這類帶棘刺的果實，特別是不要讓兒童及寵物碰觸它們，即使想要展示或當作裝飾品也要放在容器裡比較妥當。

結語

　　大約是在2010年，我們開始認真收集及銷售樹木果實，當時曾被客人問到：「這種果實的學名是什麼？」當時還曾經因為反問「什麼叫做學名？」而被客人指導過。這樣的我現在卻被列為本書的共同作者似乎有點難以啓齒，不過如果你透過本書而對世界各地樹木果實產生興趣的話，個人就覺得很開心了。父母家業是蔬果商，我一直都很喜歡各式各樣水果的美麗形狀，十幾歲時開始對松果感興趣，二十幾歲時把興趣轉移到來自南方的鴨腱藤、可可及猴麵包樹的果實，而後找到出售這些種子的供應商管道，開始變得很狂熱，隨著有更多的機會認識各種樹木果實，就忍不住開始收集。回顧過往，因為收集種子而與他人產生奇妙的連結，感覺像是有人指引般的走進這條不歸路。

　　本書出版緣起，是在幾年前東京舉辦的樹木果實展售會而認識的山田英春，他在本書擔任攝影和書籍整體設計工作。山田拍攝比原先計劃多出許多的照片，並在編輯方面給予很多建議，照片使用景深合成方式拍攝，讓果實整體看起來非常清晰。個人忝為共同撰稿者但實際上大多數稿子都是由山東智紀所撰寫的，所以有時得要想一下才能說出自己究竟做了些什麼？不過，或許可以說得誇張一點，全世界應該找不到這種用跨領域方式介紹樹木果實的書籍了，因此若沒有學識淵博的山東智紀的幫忙，這本書應該是無法出版。另外要謝謝編輯小野紗也香在書籍進度大幅落後時，毫不放棄地努力催生，還有那些無法在此一一列舉但協助標本收集及書籍編輯等工作的人，我們在這裡一併致謝。在資料和情報不是很充分的情況下，我們已經盡可能做了調查及研究，若能承蒙你指正書中錯誤，敝人將不勝感激。

小林智洋

謝詞

本書的編輯及製作，承蒙以下所列人士的協助，感激不盡。（尊稱省略，無排名順序）

今木明、蒲生康重、橋詰二三夫（一般財團法人進化生物學研究所）

吉永孝一（神代植物園志工會）

西村茂樹、葉智中

John Macdonald（Research Associate, California Botanic Garden）

Guy Stanberg（Starhill Forest Arboretum）

Sabri Guzmán、Phumanee Siblings Pitchayapa Damrongwuttitam、Nattawan Bunnasarn、G.rawit Sichaikhan Yew Yi Low、Kathryn Hsieh

三上敏子、桑名康二、賴顯廣、杜秋萍、宇敷輝男、まちだまこと（子羊舍）、西山保典、菊池茂、吉野圭哉、有谷元子、池田裕二

參考文獻

◎《どんぐりの生物学—ブナ科植物の多様性と適応戦略》（暫譯：殼斗植物的生物學——山毛欅植物的多樣性及適應環境的方法）原正利 著，京都大学学術出版会，2019年

◎ Field Guide to Eucalyptes, vol.1-3, M. I. H. Brooker & D. A. Kleinig, Blooming books, 2016.

◎ Conifers around the world, vol.1-2, Zsolt Debreczy & István Rácz, International Dendrological Foundation, 2012.

◎《種子のデザイン—旅するかたち》（暫譯：種子的設計學——為了旅行的型變）岡本素治 監修，LIXIL出版，2011年

◎《身近な草木の実とタネハンドブック》（暫譯：常見的草木果實與種子實用手冊）多田多惠子 著，文一総合出版，2010年

◎《植物分類表》大場秀章編著，アボック社，2009年

◎ Conifers of the World: The Complete Reference, James E. Eckenwalder, Timber Press, 2009.

◎ Banksias, Kevin Collins, Kathy Collins & Alex George, Blooming Books, 2008.

◎《不思議な果実展》（不可思議的果實展）高知県立牧野植物園，2001年

◎《ドングリの謎—拾って、食べて、考えた》（暫譯：謎樣的殼斗——撿與食的思考）盛口満 著，どうぶつ社，2001年

◎《植物の私生活》（英文書名：The private life of plants／作者：David Attenborough）門田裕一監 譯，山と渓谷社，1998年

◎《バオバブ—ゴンドワナからのメッセージ》（暫譯：來自岡瓦那古陸的猴麵包所帶來的訊息）近藤典生、湯浅浩史、西田誠、吉田彰 著，信山社，1997年

◎《週刊朝日百科 植物の世界》1-145号，朝日新聞社，1994-1997年

◎《園芸植物大事典 コンパクト版》（暫譯：簡明版園藝植物大事典）1-3巻，塚本洋太郎総監修・編，小学館，1994年

◎《針葉樹》中川重年 著，保育社，1994年

◎《種子(たね)はひろがる—種子散布の生態学》（暫譯：種子的擴展——種子散布生態學）中西弘樹 著，平凡社，1994年

◎《日本の野生植物（木本）》（暫譯：日本的野生植物——木本）1-2巻，平凡社，1989年

◎《日本の野生植物（草本）》（暫譯：日本的野生植物——草本）1-3巻，平凡社，1982年

◎ World Guide to Tropical Drift Seeds and Fruits, Charles R. Gunn & John V. Dennis, Quadrangle/New York Times Book Co., 1977.

◎《週刊朝日百科 世界の植物》1-120号，朝日新聞社，1975-1978年

◎ 河野孝行「APGに基づく植物の新しい分類体系」（暫譯：全新APG植物分類體系）《森林遺伝育種》（森林遺傳育種）第3巻，pp.15-33，森林遺伝育種学会，2014年

◎ 長岡求「APGII2003 および APGIII2009 による被子植物の分類」（暫譯：APGII 2003及APGIII 2009的被子植物分類）《植物防疫》第66巻第3号，pp.168-174，日本植物防疫協会，2012年

植物日文名稱——學名索引排序（http://ylist.info/ylist_simple_search.html）PalmPedia（https://palmpedia.net/wiki/Main_Page）
The Plant List（http://www.theplantlist.org/）
Useful Tropical Plants（http://tropical.theferns.info/）

索引

作者 **小林智洋**

1978年出生於京都，在長野輕井澤長大，早稻田大學文學部東洋哲學系畢業。在食品貿易公司工作一段時間後繼承了父母親經營的果醬店。在一次偶然的機緣體會到樹木果實的樂趣及潛力而開始收集購買。2010年首次在東京一家二手書店舉辦樹木果實展售會，之後除了本業之外，另外以「小林商會」的名義收集並透過畫廊展覽、展售會以及網路，銷售來自世界各地的樹木果實。

小林商會網址http：／／jamkobayashi.com／

作者 **山東智紀**

1976年出生於和歌山，九州東海大學農學碩士，大阪大學應用生物工學博士。綠花文化人證書，從小就對多肉、食蟲植物、蘭花、蕨類、苔蘚與禾本等植物很感興趣。在大學除了研究銀杏的細胞核形態學及巴西橡膠樹製作的天然橡膠生物合成與積累之外，也在各地尋找植物和巨樹，並主導「植物帶來的訊息」展覽。2010年之後移居泰國並持續收集世界各地的樹木果實，以及動植物的觀察活動。

攝影 **山田英春**

1962年東京出生。國際基督教大學教養學部畢業。除了書籍裝幀設計的本業之外，另外也持續收集瑪瑙之類的有花紋石頭，並進行古代遺跡、史前時代壁畫的攝影。著有《巨石陣—英國、愛爾蘭的古代散步》（早川書房、2006年）、《美到不可思議的石紋圖鑑》（創元社、2012年）、《石頭蛋—不可思議攝影傑作選》（福音館書店、2014年）、《Inside the stone》（創元社、2015年）、《美麗又奇妙的石頭世界》（筑摩書房、2017年）、《有風景的石頭—Pietra paesina》（創元社、2019年）等書。

有趣到不可思議的樹木果實圖鑑

300 種果實驚人的機能美和造形美，前所未有的鑑賞級寫真

作　　者｜小林智洋、山東智紀
攝　　影｜山田英春
譯　　者｜盧姿敏
審　　訂｜王瑞閔
總 編 輯｜盧春旭
執行編輯｜黃婉華
行銷企劃｜鍾湘晴
美術設計｜王瓊瑤

發 行 人｜王榮文
出版發行｜遠流出版事業股份有限公司
地　　址｜台北市中山北路 1 段 11 號 13 樓
客服電話｜02-2571-0297
傳　　真｜02-2571-0197
郵　　撥｜0189456-1
著作權顧問｜蕭雄淋律師
ISBN　｜978-957-32-9392-7

2022 年 1 月 1 日初版一刷
定　　價｜新台幣 650 元
（如有缺頁或破損，請寄回更換）
有著作權‧侵害必究 Printed in Taiwan

國家圖書館出版品預行編目 (CIP) 資料

有趣到不可思議的樹木果實圖鑑：300
種果實驚人的機能美和造形美，前所未
有的鑑賞級寫真 / 小林智洋、山東智紀
著；盧姿敏譯 .-- 初版 .-- 臺北市：遠流
出版事業股份有限公司, 2022.01
面；　公分
譯自：世界のふしぎな木の実図鑑
ISBN 978-957-32-9392-7(平裝)
1. 果實 2. 植物圖鑑

371.74025　　　　　　　110020489

遠流博識網

http://www.ylib.com
Email: ylib@ylib.com